団地と暮らし
UR住宅のデザイン文化を創る

増永理彦 著
MASUNAGA TADAHIKO

クリエイツかもがわ
CREATES KAMOGAWA

はじめに

住宅とまちづくりのパイオニア

　UR (注1) は、「還暦」を迎えた。

　URは1955年7月、戦後の420万戸とも言われた住宅不足への対応及び高度経済成長を支えるために地方から大都市圏に来住した勤労者向けの住宅建設を目的にして、「政府関係特殊法人日本住宅公団」として発足した。国の住宅政策実施機関として、東京、名古屋、大阪、福岡の各大都市圏等において、大量の住宅建設を進めた。その戸数は年々増加し1970年代前半「第一次オイルショック」の頃、年間8万戸のピークを迎え、現在までの総建設戸数は150万戸を超えている。

　URは、住宅建設や団地開発だけでなく、ニュータウン開発、都市再開発そして住宅管理及び団地再生と、幅広く事業展開してきた。住宅建設だけでなく、まちづくり全般においても、その企画・調査・研究、計画・設計、技術そして事業などにおいて、先導性を発揮してきた。その果たしてきた役割は極めて大きい。

進むUR民営化

　UR60年を振り返ってみると、政府の経済政策・景気対策に翻弄されてきた面が強いことがわかる。

　長年の住宅建設過程で、自治体からの"団地お断り"で建設がダウンし、「高・遠・狭」による大量の空き家も生じた。景気刺激ということで住宅建設工事が発注され、政治家などの暗躍によって使用に耐えない用地を取得させられたこともあった。かつ、経営のずさんさを指摘され、行政改革の対象に何度もなりながら生きながらえてきた。これらについて

は、その都度、国会やマスコミ等にも取り上げられたことから、市民に
もよく知られている。

　特に後半30年間は公的機関としての"UR不要論"が出てくる中、分譲
住宅からの撤退、新規住宅建設の減少からストップへ、そして「これか
らは建て替えだ」というわけで、1986年にはUR住宅 (注1) の建て替え
がスタートした。

　同後半期では、「新自由主義政策」下での公的住宅政策の大縮減により、
URも公的立場から遠ざかり、民営化へと一層進んだ。近年では民主党
政権下の"事業仕分け"において、URの民間会社等への移行案も俎上に
上った。しかしながら、第二次安倍政権が、民主党政権による民間会社
化案をキャンセルしたことで、これまで同様「独立行政法人都市再生機
構」として続投することになった。かといって、「公」の方にシフトす
るわけではなく、民営化はむしろ強化されつつある。

　URは、今や昭和30年代建設団地の建て替えを終了させ、昭和40年
代の郊外・大規模団地に対象を移し、住宅削減とその敷地の民間への「切
り売り」を進めている。また、都心部のタワー型マンションなど"家賃
の取れる"UR住宅を売却もしくはサブリースしたりすることで、民間サ
イドは事業収益を得る。さらに、ごく最近のことであるが、URは団地
内だけでなく、エリアを設定して団地間でも「団地統廃合」により「集
約」を一層進めようとしている。一方、建て替えずに団地空間をそのま
ま利活用しようという「ストック活用型」の団地再生も具体化しつつあ
る。その中で、民間事業者導入によって、高齢者の医療・介護・福祉施
設や子育て支援の空間として活用し、他方リフォーム等によって応募者
の拡大を計りつつある。

　これらの諸事業により、民間事業者、デベロッパーや不動産業者には
ビジネスチャンスが生まれることになる。一方のURにとってのメリッ

トは何か。懸案である「有利子負債」の削減も進め、ひいてはURの民間会社化早期実現であろうか。

以上のようなUR住宅の再生方向は、居住者・市民にとってはどうであろうか。家賃等費用負担の増大をはじめとして、居住権の侵害、コミュニティの寸断、住戸・住棟の廃棄等、問題が多い。UR住宅居住者の多くを占める高齢者・低所得者・母子家庭などの居住弱者にとって、先行きの居住不安が拡大している。

特筆すべきUR住宅のデザイン

以上のような政治・経済的背景や国の住宅政策の変化・変容のなかのUR60年であった。

しかしながら、住宅や団地空間の建設過程におけるデザイン (注2) 面についていえば、重要な意義があった。戦後大都市圏において、都市住宅のありようを提起し定着させてきたことは特筆すべき事であり、デザインされた住宅や団地空間は、そこでの「暮らしの革新」の面でも存在感をもっている。

URは、現在75万戸・1700団地の賃貸住宅を所有している。

それらは、阪神・淡路と東日本の2度の大震災でも証明されたが、耐震性・耐火性・耐久性が高くかつ多様な住棟・住戸や、絶えず更新されてきている利便性の高い住宅諸設備などで構成されている。そして、民間賃貸住宅では到底まねができない緑豊かでリッチな団地空間も創出してきた。

これらを推進してきたのは、UR職員（主要には建築を中心にした技術系職員）たちであった。彼らは、欧米の住宅やまちづくりのデザインを学びながら、国内の住宅や居住実態を調査研究し応用することで、日本独自の都市住宅や団地空間を創ってきたパイオニアである。その職員

たちが国や自治体、研究機関・大学、コンサルタント・設計事務所、及び広範な民間の建設関係業者などとコラボしながらデザインし、絶えず「安全・安心・快適」の居住空間を追求し、UR住宅と団地空間を創ってきた。特に、前半のおおよそ30年間においては、そのパワーがいかんなく発揮され、膨大なソフト・ハードの技術を蓄積してきた。

しかしながら、1986年以降、つまり「建て替え」を行うようになった頃からは、住宅建設戸数も減り、技術開発や革新も頭打ちになってきた。デザインもそれまでの経験やストックの"使い回し"が多く、「経営」が重視され、コストカットばかりに目がいくようになった。

暮らしは文化を創る

かつて、大都市圏市民にとってUR住宅は憧れの存在であるが家賃が高いことから、"高嶺の花"とも言われた。

一方では、多くの若年層勤労者群が"団塊"となって殺到し、応募は高倍率になった。前半30年間においては、若年核家族層による、近代的なUR住宅と団地空間での希望に満ちた暮らしへの始まりと定着の時期であった。しかし、次第に居住する家族も変容し、日本全体がそうであるが小家族化・高齢化が進み、特にUR住宅においては低所得化もあわせて進んでいった。このような居住者動向とリンクしながら、団地での暮らし方も変化していった。

団地では、普通の暮らしがまずある。

家族皆が日々平穏に暮らすことができるならば、それが何よりだ。加えて、「暮らしをよくしたい」「団地を住みよくしたい」、といった生活改善や居住環境の向上も目指す。居住者の要求実現運動や自治会活動も活発になった。かつては実現しようという積極性やエネルギーも半端ではなかった。特に東京圏や関西圏での大規模団地での居住者、自治会そ

して学者・文化人たちの生活向上、環境改善、生活要求の実現などの取り組みは、マスコミなどで大々的に報じられたものである。

ところが、後半30年間においては、建て替えが中心になり、かつ新規住宅の建設が次第にダウンし、徐々にURが元気をなくしてきた。しかしながら、「暮らし」の面で見た場合、高齢者居住、環境共生、そして少ない事例にとどまるが、建て替えでの居住者の参加や住棟リニューアルが行われたことは、今後の再生のあり方を考える上で、重要な成果となっている。

以上のような60年間のUR住宅においては、「安全・安心・快適」な暮らしや豊かな近隣関係・コミュニティが実現されてきた。URによってデザインされた住宅と団地空間において、居住者の日々の暮らしと自治会などによる居住改善の活動等を通して、多様なデザイン文化 (注2) が形成されてきたことは、極めて意義深くかつ重要なことではなかろうか。

UR団地再生は公的立場で

今後、UR住宅75万戸・1700団地をどのように「再生」(注3) していくべきか。国民的課題である。また、述べたように、URの民営化が進んでいるが、このようなことでいいのだろうか。

日本でのアフォーダブル（適度な家賃の）賃貸住宅は極めて少なく、公的住宅の公営と公社とURの住宅ぐらいである。地域的な偏在はあるとしても、これらへの需要圧は非常に高い。近年、特に所得の格差も広がり、貧困層の拡大で一層高くなりつつある。まして、住環境も含めて良質なUR住宅の削減などすべきでない。

UR住宅には高齢者・低所得者が増え、子育て中の若年層にとっても高家賃のプレッシャーがきつい。現状をふまえると、URは、介護・医療・

福祉の関係者とも協働しつつ、居住者の参加も得て、誰でもが住み続けられるリニューアルによる団地再生を図るべきである。一方近年、団地現場では、居住者・自治会、NPO・任意団体、UR内外の専門家・研究者・デザイナーなどの参加により、「団地での暮らしを良くしよう、創っていこう」という多様な動きも出てきている。

今、大事なことは、URによる「団地再生デザイン」にこれらの多様な関係者が参加・協働し、団地をより「安全・安心・快適」な居住空間として創りあげていくことである。

このような方向の延長線上には、必然的にUR自体の公的立場の「堅持」だけでなく「強化」も不可欠になってくる。また、この流れが加速し強力になることで、自治体等「公」の団地再生への関わりも増え、そうなることで、時間はかかるであろうが、UR住宅団地での「住宅再生デザイン文化」が徐々に形成されていくことになる。

(注1) UR、UR住宅、UR団地空間

URは、1955年7月「日本住宅公団」として設立され、1981年「住宅・都市整備公団」へ、そして1999年「都市基盤整備公団」へと改編された。2004年には「政府関係特殊法人」の「公団」から「独立行政法人」の「都市再生機構（UR）」となった。本書での「UR」とはこれらの60年にわたる公団及び機構全体を意味し、UR住宅とはURによって建設された賃貸住宅ストック（約75万戸）を指している。UR団地空間とはUR住宅の住棟が複数集まり、生活関連諸施設等も含んだ屋外空間とによって形成された、UR所有・管理の空間のことである。

(注2) 住宅デザイン文化

「住宅デザイン文化」とは、デザインされ建設・管理された住宅と団地空間に居住し、その居住者がより安全で安心でき、快適な空間になるよう様々な活動を行うことによって、長い時間をかけて創られ醸成された暮らしの総体ととらえている。

(注3) デザイン、設計、再生

URが住宅や団地空間を創り、再生するまでのプロセスをみると、用地取得の前後で企画・

はじめに

構想がスタートし、以降、調査・研究、計画・設計、そして発注・施工や管理・再生に至る一連の流れがある。かつまた、このプロセスで、UR外の国や自治体、大学や研究機関、コンサルタントや設計事務所、民間企業（Gコン（総合請負業）、建築部品・部材メーカー、上下水設備関連の業者、ガス・電気・機械関連事業者、土木・造園業者等）そしてURの管理部門などとも協力しながらの業務がある。

　本書では「デザイン」の意味を、URによる、このようなプロセス及びその間での様々な関係者との協働とその広がりの中で、「安全・安心・快適」な住宅や団地空間を創ることを目標とし、ソフト対応も含めたコーディネートの総体として、幅広くとらえている。これに対して、「設計」とは、URによってなされるハード面でのデザインに限定している。つまり、URにおける、建築、土木、設備、造園などの各セクションで行われてきている個別のデザイン行為を意味している。

　また、本書では、「再生」を「建て替え」と「リニューアル（リフォームとリノベーション）」を合わせた意味としてとらえている（chapter 3　参考文献10）。

団地と暮らし── もくじ
UR住宅のデザイン文化を創る

はじめに　003

part 1　UR住宅のデザイン文化　013

chapter 1　UR住宅60年の意義と限界 ··· 014
1 戦後の公的都市住宅　014
　木造低層からRC造中層住宅へ／住宅建設の"光と影"／公的住宅政策と市民の自覚
2 UR住宅の建設　020
　URのミッション／建設と再生の60年
3 住宅建設と再生の問題とデザインのがんばり　029

chapter 2　UR住宅と暮らしの革新 ·· 038
1 UR住宅と家族の暮らし　038
2 食事とだんらん　041
　食事はコミュニケーション／リビングルームでのだんらん
3 暮らしの洋風化と頑固な和風　045
　ユカザからイスザの流れだが／頑固な和風スタイル

chapter 3　UR住宅のデザイン文化 ·· 057
1 UR住宅デザイン文化の意義　057
　文化からみた公的住宅／UR住宅デザイン文化への社会的評価
2 UR住宅60年のデザイン創造　063
　「マスハウジング期」のデザイン創造／「建て替え期」のデザイン課題の取り組み
3 UR住宅デザイン文化の到達点　074

part 2　UR住宅デザイン文化60年のストック　085

chapter 4　団地空間デザインと文化 ·· 086

1 団地空間デザイン　087
団地空間の構成／配置設計の考え方／4時間日照／生活関連施設整備も不可欠／
モータリゼーションへの対応／豊富な屋外空間／時期別の「景観デザイン」傑作団地

2 豊かなデザイン文化を育てる富田団地　103

chapter 5　多様な住戸・住棟のデザインと暮らし ······························· 115

1 住戸平面の標準化から多様化　115
暮らしと住要求がベース／住戸平面の変化／「公私室型住戸平面」の意義／
多様な住戸ストック

2 新企画住宅提案と需要把握の"しかけ"　124
経営重視による見直し／新たなデザイン提案

3 多種多様な住棟の提起　129
住棟の多様性／階層別にみた住棟と暮らし

chapter 6　水まわりのデザインと暮らしの革新 ······························· 139

1 キッチンと暮らし　140
キッチンシステムとその変遷／キッチンシステムの構成

2 浴室、トイレ、洗面・洗濯と暮らし　148
浴室と入浴／トイレと排泄／洗面と洗濯

part 3   UR住宅再生デザイン文化 161

chapter 7   URの団地再生動向 ··· 162

1 URの団地再生政策 162
　「UR賃貸住宅ストック再生・再編方針」／今後の団地再生方針

2 最近のUR団地再生事例 169
　福祉的活用の事例／リニューアルによる再生事例／管理部門との協働化

chapter 8   UR住宅再生デザイン文化構築 ·································· 192

1 UR住宅再生デザインの今後に向けて 192
　UR住宅の公的意義／UR住宅のデザイン文化形成／UR住宅再生デザインの方向

2 UR住宅再生デザイン文化構築へ 195
　UR住宅再生デザインのミッションとその実現／
　団地再生への参加とコミュニティ形成／UR住宅再生デザイン文化構築へ

おわりに 212

COLUMN

　広がる青い空と、穏やかな時間 034

　浜甲子園団地における幼児・小学期の暮らし 053

　初めての公団住宅との出会い 082

　公共住宅としての役割はどこに 111

　40年あまり公団賃貸住宅に住んで 136

　UR高優賃住宅に住んで 158

　35回目の春 187

　住み手の役割、そして住み手への期待 208

part 1
UR住宅のデザイン文化

chapter 1　UR60年の意義と限界

chapter 2　UR住宅と暮らしの革新

chapter 3　UR住宅のデザイン文化

chapter 1 UR60年の意義と限界

1 戦後の公的都市住宅

1 木造低層からRC造中層住宅へ

　日本の住宅は、古代の主要産業である農業との関連で竪穴式住居以来、農家が主流であった。産業の構造が変わるにつれ、町家、長屋と武家住宅も加わった。江戸時代まで庶民の住宅はこれらのタイプに限られ、都市部の市街地に限れば町家、長屋、武家住宅の3タイプであった。

　ところが、明治維新以降、政治、経済そして文化面に至る広範囲においての欧米へのキャッチアップ政策下で、住宅分野でも欧米の煉瓦造りや「鉄筋コンクリート造」（RC造）も導入された。同時に、徐々に暮らしにも洋風化がみられるようになってきた。特に関東大震災を契機に1920年代には、耐震・耐火のRC造住宅も幅広く建設されるようになった。それらの中でも、残念ながら取り壊されかつ建て替えられてしまっ

たが、「同潤会」（chapter 3　参考文献1、2）による中層集合住宅が異彩を放っていた。同潤会の住宅は、現代の公的集合住宅デザインにも大きな影響を与えている。

　しかし、明治時代以降戦前までの近代日本では、都市が拡大したとはいえ市民の住宅は江戸時代と大差なく、数の上では農家を中心に町家、長屋といった木造低層住宅が主流であったことに変わりがない。そこでは、今でも映画やテレビの「時代劇」ドラマにみられるような、質素ではあるが、気の置けない助け合いと深い連帯の絆をもった庶民の暮らしがあった。

　1950年代からの高度経済成長期、戦災での住宅の滅失、敗戦による海外からの引揚者の受け皿、大都市への人口集中による住宅需要が膨大となり、数百万戸の住宅が必要と計算された。必然的に集合住宅の大量建設へと進んでいった。1955年以降は公営、UR、公社の三本柱がフル活動し、建設と関連技術開発促進の"エンジン"になったのである。特にURは、大都市圏において大量の住宅を建設し多くの団地空間を開発してきた。と同時に、都市住宅のデザイン分野でも、多くの関係者との協力・協働のもとに先駆的な実績を積んできた。一方、大都市においては、公的三本柱の影響も受けながら、民間デベロッパー、ハウスメーカー、工務店などによる分譲や賃貸の集合住宅の建設も進んでいった。

　このようにして、積層型集合住宅は増え続け、大都市での主要な集住の形態となりつつある。他方、日本での集合住宅での居住経験は、"石の文化"が主流の欧米に比し短く、「同潤会住宅」以降高々80〜90年ほどである。集合住宅居住についても、まだまだ"発展途上"にある。日本の都市集合住宅に関しては、居住者・市民が「安全・安心・快適」に住み続けるには、企画・構想、事業、デザイン、管理、再生などあらゆる面で検討すべき課題が山積しているのもまた事実である。

2 住宅建設の "光と影"

戦後の都市住宅を建設してきた主体として、公的機関である国・自治体・UR・公社、及び民間企業の民間デベロッパー、施工会社、ハウスメーカー、大工・工務店・ビルダーなど、大きく分けられる。

敗戦直後の引揚者による人口の急増そして戦後の高度経済成長による住宅不足の解消を主要な目的に、1950年から1980年頃まで、公営、UR、公社の三者による大量の住宅建設、ニュータウンや団地開発が行われた。ただ、大量に建設されたといっても、全体から見れば三者の公的住宅ストックシェアの現状は、6%程度にとどまり、西欧諸国に比し少ない。

公営住宅に関しては、全国で220万戸のストックになり、低所得者層へ安い家賃で、RC造等の集合住宅が全国各地で建設・供給されてきた。公営住宅の供給が少なく地域的に偏在していることから、東京圏や大阪圏など大都市圏では入居可能な市民が入居できないという事態が続いている（数百万戸不足）。もちろん、公営住宅については、低所得者や居住弱者（要介護・虚弱高齢者、障がい者世帯、母子・父子家庭）を不十分ながらも救済してきたことは、その役割として大きいものがある。ところが、国や自治体は、「数の上では住宅は足りている」とし、かつ公営住宅の用地確保や建設に用意できる「財政力（資金）が国と自治体にはない」といった理由でもって、一層必要とされている公営住宅の建設を進めない。

UR住宅や公社賃貸住宅も同様である。

比較的良質なこれら公的賃貸住宅の建設は、もっと進めるべきであるが、公営同様、「住宅問題は個人的に解決すべきであると」して予算が付かないし建設もしない。現在、日本全体で14%もの空き家があるといわれる反面、市民の暮らしに見合った良質な公的賃貸住宅は大量に不

足している。

　公的住宅ストックについては、団地や住宅の厳しい設計基準によってデザイン・建設されてきて、管理も相対的に良好に行われてきたことから、その住戸や環境を含めた居住水準や耐震性・耐久性も保たれている。全体的に統一された景観形成や個々の要素デザインに関しても、「公」による供給であるがゆえに保全の努力もなされる。もちろん、入居者の最大関心事の「家賃」も、民間住宅に比し低額。このような、「公的住宅建設であるからハイレベルの居住水準と低家賃が実現できたのだ」という実績や成果は正しく評価・確認し次につなげていくことが重要だ。

　一方では、大小様々な民間デベロッパー・不動産、ハウスメーカー、工務店・大工などの民間業者による大量の住宅建設も行われてきている。大手の民間デベロッパーは、比較的大規模な工場跡地や田畑や山を切り開き、住宅用地として開発し、マンションそして戸建て住宅も供給してきた。一方、中小のデベロッパー、工務店・開発業者は、大都市都心や周辺部の小規模な田畑や空き地などを活用して、木賃アパートや文化住宅あるいはミニ開発等の小規模戸建て住宅を建設してきている。

　大都市圏においては、これら大規模・中小規模の民間業者により、まさしく"雨後の筍"のように住宅が建設されていった。また、零細・中小規模の民間デベロッパー・工務店による都市部での住宅建設については、その多くが密集市街地を形成し、耐震性・狭小性・防災性そして居住環境の面でも、多くの問題を抱えた現状にある。その改善はなかなか進まず、その課題は多い。

　以上のように、公的機関と民間のデベロッパーなどの事業者による住宅や団地空間の建設・供給そしてそれらの集合としての居住地域については、地方から大都市に来住し高度経済成長を支えてきた「企業戦士」

part 1　UR住宅のデザイン文化

や「ブルーカラー層」たちの受け皿（居住空間）として、その機能を発揮してきた。

ただ、「公」と「民」による違いは、「光」（＝公的住宅直接供給・デザイン基準・計画的団地建設・ニュータウン開発）、と「影」（＝民間による木造賃貸アパート供給・木造密集市街地・戸建てミニ開発）として、大都市圏都市住宅分野での"光と影"として、多くの住まい・まちづくり関係者に認識されている。

3　公的住宅政策と市民の自覚

結論から先に言えば、日本の都市住宅とそこでの居住実態をよくみると、公的機関の力がどうしても必要である。都市住宅全般の居住環境整備を進め、居住水準を向上させるには、公的資金や制度的保障といった公的住宅やまちづくりの諸施策が不可欠である。近年では、高齢者、子育て関係、居住弱者そして低所得者を対象とした居住福祉政策も一層求められている。

民間の企業や事業者は利潤追求が第一義であり、経営の安定・展開に走る。熾烈な競争もある。もし仮に、日本の都市住宅の居住水準が欧米並みに高く、その地域居住空間も豊かで、かつ居住者の費用負担もリーズナブルであれば、住宅建設や再生は公的なコントロール下での民間事業任せでもよかろう。さらには、住宅や団地・ニュータウン再生の基本方針は「公」が行い、実際の具体的リニューアル事業は民間が実施するという「仕分け」も肯定できよう。

しかし、とりわけ大都市圏での国・自治体そして公的機関の役割にはまだまだ大きいものがあり、期待も大だ。公による住宅の直接的供給や民間住宅居住者への家賃補助なども不可欠だ。近年、NPOやボランティアなど「共助的」な力も増してきて、重要な役割を果たしつつあること

は好ましい。だが一方、住まいやまちを、「安全・安心・快適」なものに改善していくについては、真に市民の要求を正しくとらえ、かつ実現するのであれば、国や自治体が責任をもって実行すべきことであると考える。

　一方、現代の日本人は「食」や「衣」に比し「住」に対しては鈍感であり、自らの住まいや居住に対しても関心が薄い。食に関しては、テレビ番組に多い料理関連をはじめ消費、栄養、食料問題など情報も豊富である。西欧のある知人は、日本のテレビでの料理関連番組の多さに驚き、「その多くはうんざりする内容」だと嘆いていた。都心から郊外にかけての食事処・レストランの花盛りには目を見張る。宅配も多く発達しており、便利だ。WEBを見れば全国の店紹介があり、グルメの本も本屋に山積みで良く売れる。お金さえあれば、いつでも、日本だけでなく世界中の美味しい食べ物が入手できる。食への欲求は基本であり、このような傾向も否定できない面もあるが、"やりすぎ、いきすぎ"ではなかろうか。

　「衣」に関しても、ファッション雑誌や本が数多く発行され、都心やターミナルに行けばファッション関係の店は多い。特売などでは、長蛇の列もできる。日本発の大衆的衣料メーカーが世界を席巻している。

　ところが、一般には西欧の人は真逆。住まいは立派で、住まいへの意識や要求も幅広くかつ高い。例えば住まいに関するデザインについても、一家言をもっている。逆に、食べものや服装は結構質素で、お金をかけない。

　人生の大半を過ごし、家族を育み・人間関係の基礎を創り、将来の善良な市民を育てるといった、基本原理はもちろんのこと、住居や居住環境は極めて大事だ。

　今後集合住宅でのより豊かな居住とはなにか、日本独自のあり方が一

part 1　UR住宅のデザイン文化

層求められよう。そのためには、市民（需要者）は自らの居住実態をよくみて・よく知って、そこでの課題への理解を深め、どうすべきか考えることが肝要になってくる。自らの居住する住まいや地域、そしてそこでのコミュニティ活動にも目を向け、関心をもち、そして行動すべきだ。そのような自覚が今求められている。

② UR住宅の建設

1 URのミッション

　公的住宅建設・供給は大縮減傾向にあるが、発足当初のURの"ミッション（使命）"は何だったのか。

　1950年ころからの高度経済成長を下支えする労働者や勤労者が大量に大都市へ集中してきた。ゆえに、敗戦直後の鳩山一郎内閣（1954〜1956）にとって、公的住宅建設は極めて大きな政策課題であったのだ。その一環として、URは設立されることになった。

　URは賃貸と分譲の住宅含め、これらの膨大な大都市圏での住宅需要の受け皿として、公営や公社住宅とともに、建設にまい進した。結果、1980年には賃貸・分譲住宅建設ストックが100万戸に到達した。そして、現在では、特定分譲住宅も含めると150万戸を超える住宅建設の実績となっている。戸当たり家族人数2人としても300万人が居住していることになる。

　URは、1955年7月、次の5つの目的をもった「政府関係特殊法人」として発足した（参考文献1）。

　　1. 住宅不足の著しい地域において、勤労者のために住宅を建設すること
　　2. 大都市周辺において、広域計画により住宅建設を行うこと

020

3. 耐火性能を有する集団住宅を建設すること
4. 公共住宅建設に民間資金を導入すること
5. 大規模な宅地開発を行うこと

　ここにある通り、URは住宅難の解消を喫緊の課題とした東京、名古屋、大阪、福岡の四大都市圏において、行政区画つまり都道府県や市町村の境を越えて住宅の建設・供給を推進した。そして、民間の生保・損保や郵便貯金などを原資とする財政投融資や一般会計からの補助金も受けながら、耐火・耐震・耐久性能の高い住宅を集団で建設し管理していくべく、組織された。あわせて、住宅建設には広大な用地も必要で、そのための大規模宅地やニュータウン開発も実施されることになった。その後、大都市圏での経済・社会的な要請に基づいて、都市再開発や都市整備も事業の柱として追加された。

　その後、UR住宅も位置づけられた「住宅建設五カ年計画」が、1966年度よりスタートしたが、2005年度までの第8期計画を最後に終了。"見かけ上"住宅戸数が充足し（住宅数＞世帯数）、今後は少子高齢化と人口・世帯の減少が予測されることから、代わって2006年「住生活基本法」が制定され、「ストック」と「市場」や「民間活力」を重視する住宅政策へ転換することとなった。

　これまでの60年間、URは紆余曲折を経ながらも、国から与えられたミッションを忠実に実行し役割も果たしてきた。URは、"黒い霧"などといわれた政治がらみの使えない土地の購入、"親方日の丸"のずさんな経営、何度もくり返された行政改革、加えて当事者能力の非付与、などの政治がらみのいろいろな問題を抱えながらも、生きながらえてきた。その過程で、戦前からの同潤会や住宅営団の諸成果を受け継ぎながら、それまでに日本にはなかった住宅や団地空間、積層の耐火・耐震・耐久

part 1　UR住宅のデザイン文化

の集合住宅を建設してきた。そして「そこにいかように集住するか」という大都市圏での居住課題に果敢に挑戦してきた。

　注目すべきは、この60年間のプロセスを通して、URが公的立場にあり続けてきたことで、大都市圏の都市住宅デザインを創造し、居住者・市民と共にデザイン文化を創りあげる上で先導的役割を果たしたという側面である。

　この事実と内容については、一般にはよく知られておらず、本書でぜひ伝えたいと思っている次第だ。

　ところが、近年のURの現実は上述のように、公的住宅政策そのものが大縮減し民営化が進む中、新規住宅は建設せず、ごく近年では建て替えさえもやらず、かつ培われてきたデザイン力も低下し、むしろ消滅しつつある。残念なことだ。結果、今のまま推移すればURにおいて創られた住宅や団地空間の「再生デザイン文化」の将来も危うい状況にある。そして、これはわが国での大都市圏都市住宅とりわけ集合住宅の居住水準、居住文化やデザイン文化のレベル低下につながるという危惧をもつ。

■ 2 建設と再生の60年

　UR住宅建設と再生の計60年の変遷については、大きく2区分するとわかりやすい。

　本書では、以下3点のUR住宅に関する政策や事業の転換点をとらえ、60年を30年ずつ大きく二つの時期に分けた。

1. 第一次中曽根政権が1982年に始まり、「新自由主義政策」の時代へ向かった。住宅政策も「公」から「民」へシフトし、公的政策から民間経営や民間事業を重視するという政策転換、つまり、「民営化」が顕著になってきた。
2. 1981年に「日本住宅公団」が「住宅・都市整備公団」になった。同じ「公

団」ではあるが、「これからは都市再生・都市整備」が中心だということで、以降住宅建設が後退していくことになった。
3. 1986年、UR住宅の建て替え事業が始まった。「新規住宅建設は控えて建て替えを中心に」というURの方針転換があった。

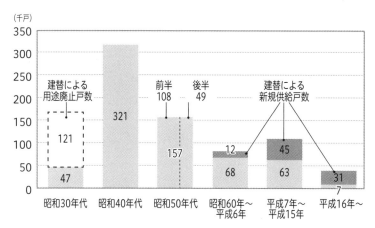

図・UR賃貸住宅ストック概要　　（URホームページ「管理開始年代別管理戸数」より作成）

前半はUR設立の1955年から建て替えスタート前年の1985年までとして、大量の新規住宅建設時代の「マスハウジング期」と称する。後半の1986～2015年は、建て替えだけでなく、全くの新規住宅建設もあったが、それは減少し結局中止に至った。この時期、住宅建設の主流は建て替えに移行したことで、「建て替え期」と呼称することにした（図・UR賃貸住宅ストック概要）。

この二つの時期は、住宅建設面でみて、おおよそ以下のような特徴がみられる。

まず、「マスハウジング期」を2期に分ける。

マスハウジング期　　　　　　　　　　1955年〜1985年

創生期
1955年（昭和30年）〜1964年（昭和39年）

● **大量建設の準備**
- 発足当初の10年間ほどでのUR住宅168千戸の供給に関しては、すでに建て替えのために121千戸除却された。この戸数差47千戸の内訳は、条件が難しく建て替えられていない団地の住宅と一般市街地の住宅計24千戸が主である。
- この期は手探りで住宅の建設を行いつつも、制度を整備し、URの業務内容や計画や設計の方針、そして具体の住宅や団地の「計画基準」や「設計要領」も定められた。大量建設の準備段階であった。

● **新たなデザイン提案**
- 初期10年間は、「UR創生期」でデザイン面でも大きく展開・発展した。傑作といわれる団地が数多く出現した。それらの多くは、残念ながらほとんどが高層住宅に建て替えられている。
- URの建築技術陣が、新規の企画や技術開発、建築、設備、造園・土木の設計分野で関係者と共に活躍した。この時期は、標準的な同じ型で狭小住宅の大量建設であった。
- 外部の大学や研究機関と協働で、欧米の住宅や団地に関して膨大かつ多方面の調査研究を行い、その成果を設計や建設技術など実際のデザインや建設に生かしていった。さらに、ソフト面では都市勤労者のニーズや新しい住まい方や暮らしの調査研究に基づいた、斬新な団地空間や住まいのデザイン提案も行った。

● **公的立場の発揮**
- 上記については、URが民間デベロッパーやGコン（総合請負業）と

違って、政府施策実施機関として国民の税金を使い、ノンプロフィットの公的団体であり続けていたからこそ実現したものである。

発展期
1965年（昭和40年）〜1985年（昭和60年）

● **大量建設全盛**
・この間に供給された478千戸は、建て替え未着手がほとんどで、今後団地再生のメインターゲットである。また、これらについては大量供給時代の「郊外」立地と「大規模」団地の特徴もある。この20年間は、もっとも建設戸数が多かった時代でもあり、1972年の年間建設戸数8万戸のピーク時期を含んでいる。
・この間は、「行け行け、どんどん」で、国（建設省・大蔵・文部）や自治体、さらには民間の建設関連企業ともタイアップして住宅建設が進んでいった。順次、団地も大規模化していった。その間、上述のピークを過ぎると、オイルショックや住宅需要の低迷、「戸数主義」が災いして、空き家が続出。「高・遠・狭」と揶揄され、その対策が求められた。同時に需要も低迷し需要の把握、「需要対応」の設計に神経を使うようになった。

● **URの経営方針転換準備**
・1970年代後半に未入居・空き家問題噴出。1981年に「住宅・都市整備公団」が設立され、都市の整備・再開発に力を投入しはじめた。
・この期では、公的立場は維持されてきたが、最後の時期には経営重視のスタンスがでてきて、民間的経営の方向に進んだ（住宅を「商品」と呼称したり、UR内の諸会議も「経営」を冠したものが増えてきた）。
・1975年あたりから、"見直し"と称して例えば「経営改善本部」なども設置し、標準設計はやめて、多様な住戸・住棟を用意し、多様

な募集や販促方法を編み出した。この頃はまた、デザイン面でも住宅のいろいろな企画、需要に応えた設計内容、今後の住宅のあり方など、いわばURデザインの生き残りをかけて種々検討され、実施されていった。この中での具体的な検討として出されたのが、「フリープラン賃貸」「ライフスタイル分析」「新型中層」などである（chapter 5-2）。

・この期は、経営を重視し売れる住宅の建設を方針にしつつあったが、まだ公的立場を維持していた期間といっていいだろう。

1985年から現在までの約30年間で、総供給戸数は226千戸とその前約20年間（1965〜1985）の半分以下（年間平均で8千戸弱）である。
　建て替えではない新規供給は138千戸（年平均で5千戸弱）で、急激に新規供給戸数も減っていった。この時期、戸数をある程度維持したのは建て替えでカバーしていたのである。一方、住戸規模拡大と設備等の改善といった"質"の向上は進んだ。
　「建て替え期」も2期に分ける。

建て替え期　　　　　　　　　　　　1986年〜2015年

新規建設後退期＋建て替え最盛期
1986年（昭和61年）〜2007年（平成19年）

● 民営化へ進む

・1980年代後半以降は中曽根内閣による「アーバンルネッサンス」のかけ声の下、都心居住が進んだ時代でもある。この期に、URでも新規に東京都心での高家賃の超高層住宅が建設され、URの団地再生方針において、収益性の高い物件として民間売却の対象になってい

る（chapter7-1）。

・住宅政策の民営化や建設動向を反映しながら、1999年「都市基盤整備公団」そして2004年「都市再生機構」が設立され、「公団」が一層民営化した組織「独立行政法人」となっていった。

●建て替え始まる

・1986年（昭和61年）にUR住宅の建て替え事業が始まった（東京都：「蓮根団地」、大阪市：「臨港第二団地」）。その直前、先に述べたが住宅建設時期によって「昭和30年代は「建て替え」、昭和40年代は「改善」、昭和50年代は「保全」に仕分けされ、この方針に従って、建て替えが実施されていった。

・建て替え初期においては、「戻り賃貸住宅」（建て替え後に団地から退去せず、もとに戻る従前居住者向け住宅）と同時に、敷地の切り売りなどせずに、新規のUR住宅も建設していた（ごく初期にはUR分譲住宅も）。

●居住者参加も進む

・この建て替え事業の中では、東京大都市圏を主として、居住者からの建て替え反対の運動が起こり、URから裁判にもち込まれたケースも多い。裁判になると時間とエネルギーも必要であり、居住者とUR、居住者同士が反目する。建て替えに要する月日も長く、結果、団地空間の出来映えや、戻り入居後の近隣関係にもいい影響は与えない。

　半面、ごく一部の団地ではあるが、居住者、URそして自治体の三者での協議を進めて、建て替え事業が逆にうまくいった先進事例もある。これらの建て替えでは、その後の団地の管理運営面でも居住者の参加が継続し、団地再生のモデルとして意義深い。建て替え後の出来映えもよく、各種学会や業界のコンクール等で"賞"をゲットしている。

● 調査研究ダウン
・この時期は建て替えを含めても新規のUR住宅建設戸数も次第に減少し、それまでに蓄えてきたハード・ソフトのノウハウや諸技術を使いながら"しのいで"きた。建設戸数も減ると、それに対応して調査研究予算も削られる。市民や居住者の暮らしを直視して、要求をじっくり受け止めデザインに反映させることも少なくなる。そして、「基礎研究や調査研究そのものも実施する必要がない」というURの風潮にもなっていった。

ストック活用期
2008年（平成20年）〜2015年（平成27年）

● 「再生・再編方針」策定
・2007年末に「UR賃貸住宅ストック再生・再編方針」（URのHPに掲載）が公表された。その方針の下に、全団地の整備方針が打ち出され、現在でも基本はそれに沿って再生が進められている（chapter 7–1）。

● 新たな取り組み
・URの住宅建設戸数も減り（2004〜2013年度で38千戸（内建て替えではない新規7千戸））、居住者は高齢化、低所得化、小家族化が進んだ。このような時代や社会の変化に対応し、高齢者居住の設計や計画、同じく近年の地域医療・介護・福祉の連携などの高齢者向け福祉対応、建て替えや再生関連、環境共生住宅、そして現在、阪神・淡路大震災に次ぐ東日本大震災の復興支援などがURの主たるテーマの一つとなってきている。

● コストカット
・URの現場では、とにかく、計画から設計そして工事や保全に至る

までのデザインに配慮するよりも、むしろ徹底的に「コストカット」の努力を強いられた。かつ、空間デザインで留意すべき重要なことは、「マスハウジング期」と異なり、一層高層・高密化へと大きくシフトしていったことである。

●高層・高密化

・一般には、限定された需要への対応としての高層・高密住宅建設もありうる。

　しかしながら、都市周辺や郊外での、とにかく収益を上げるための高層・高密化はいただけない。駐車場率も高くとり、かつ法に定められた容積率を目いっぱい使うとなると、屋外空間もいじめられる。子どもの遊び場や居住者の交流できるような屋外の「場」も狭小となる。

③　住宅建設と再生の問題とデザインのがんばり

　この60年間URは、住宅建設過程においては、前半の30年は量だけでなく質的な面でも、公的立場としての役割が大きかった。そして後半の30年は、建て替えが主となってきているが、時代や社会の要請に応えてきている面も有しつつ、民営化によって公的意味合いが薄れてきていることを指摘してきた。

　この節では、60年を振り返ってみて、その間のUR住宅の建設・再生や民営化における問題点を指摘する。これらは、URの限界であるが、今後のあり方を構想するに当たって、ふまえておかなければならない重要課題でもある。と同時に、本書でchapter2以降の「UR住宅デザイン文化」をより深く理解する上での前提でもある。整理しておきたい。

①経済効果を過剰に重視

周知のように、住宅建設は多くの産業と連関しており、経済的な波及効果も高く、その大量建設は、GDPを押し上げる。さらには、建設においてだけでなく、そこに入居することで、居住者が家具・家電製品などの消費財を購入し、住まい関連の産業全体が潤うことになる。

このような背景があって、URは一貫して、政府の経済政策に偏重した住宅政策（＝経済重視、景気対策、戸数主義）を実施する有力な実施機関・機動部隊として位置づけられてきた。その結果、「高・遠・狭」や市民にとって高家賃問題等を生じさせ、居住者や市民の居住への希望・要望、そして暮らしの実態から乖離した住宅建設となった面が強い。

②民営化の進行

●民間的経営重視へ

前半30年は、「戸数消化」のノルマはあっても経営のことについてはあまり考えずに、デザインに集中して取り組むことができた。したがって、担当者も"のびのびと"仕事を進め、いいアイデアも生まれ、"傑作"と言われる住宅や団地空間も生まれた。それに伴い、住棟・住戸そして諸設備や屋外に至るまで、居住者の暮らしを豊かにする積極的な提起もなされ実施された。

ところが、後半は、コストカットを徹底的に要求され、かつ、「家賃（分譲では価格）を何とか高くできないか」が至上命令になっていった。

近年の団地の再生においても、建設コストを抑え家賃を高く取ることが第一義に置かれている。それを与件とすると、「高層・高密化」「駐車場100%」「ゆとりやあそびの空間をなくす」といった具体的なデザイン方針を強いられる結果になり、工夫の余地がない。個性のない住宅と団地空間となってしまう。最近の高層UR住宅団地では、民間住宅との違いを探すのに苦労するほどだ。もちろん、「経営」を無視していいと

Chapter 1　UR60年の意義と限界

いうことではない。ただ、それだけを追求すると、居住者・市民のためのより高い居住水準を目指した住宅や豊かな団地空間を創出することは不可能だ。

● 民間業者の活用

大きく「マスハウジング期」においては、URがイニシアティブをもちながら、コーディネーターとして住宅のデザイン、建設において関係者をまとめあげてきた。この関係者には、公（国、都道府県、市町村）もあったが、民間のコンサルタント・設計事務所、施工会社、ハウスメーカー、部品・部材メーカー、設備会社など、多くの民間会社と協働もあった。つまり、ステークホルダー間の調整を行い、かつ民間の力をうまく活用してきたのだ。

ところが、最近は、民間業者の活用に一層積極的になってきている。

URの組織をスリム化すると同時に、何でも民間委託にといった傾向も見うけられる。過去もそうであったように、民間の活用は活性化・効率化などの点では、好ましい面もあるが、公としてのURあっての「民活」であるべきだ。つまり、URの公的立場を強化させながら、民間の諸力の活用も考えるべきではなかろうか。

このように、国からの補助がなくなり、何でも民間委託となると、結果はまわりまわって居住者・利用者・市民が費用負担をせざるを得ないという「ハメ」に陥る。居住者には、低所得者、高齢者、母子家庭、障がい者などの居住弱者も多数含まれている。これから先どうするのだろうか。

③UR住宅の再生

● 再生は建て替え中心

後半30年間でのURの団地再生は建て替え中心であった。このことで、初期10年間の建設住宅のうち、121千戸のまだ使用可能な住宅が除却

031

されただけでなく、chapter 7-1-1で述べるように、様々な問題を引き起こした。

住棟の物的な寿命が来て、保全ではもちろんのことリニューアルでの再生も費用も莫大で難しいなどの、客観的かつ科学的判断が出て、居住者の同意が得られれば、建て替えもやむを得ない。しかし、特にUR住宅の質は高い。リニューアルで対応していくことが基本であると考える。

●**居住者の参加もあった**

居住者・市民の団地再生への参加は、制度的には認められていない。これまでのいくつかの建て替えに居住者・自治会が参加したが、結局は事業も早く進む。述べたが、これらの事例については外部からも評価され各界からの"賞"さえも得ていて、URのHPでも紹介されている。居住者の参加を得ることで、デザインの向上にも寄与するほどの"出来映え"であったということだ。

④デザインはがんばった

●**全国一律のデザイン**

早期に大量に住宅を建設・供給しなければならないという「大命題」に対しては、組織としてのすばやい対応のためには、全国一律に家賃体系などと無関係に進めたことは、やむを得なかった面もあろう。

しかし、もともと、「住まい」のありようは、は地方・地域ごとの歴史・伝統・文化、気候・風土、生活慣習・生業などがベースとしてあった。このような「地域性」も十分考えたうえで、デザイン面での配慮や対応の仕方がありえた。全国一律のデザイン方針を転換し、例えば東京、名古屋、大阪、福岡といった地方・地域別に対応した業務展開もあったのではなかろうか。

●**市民の暮らしを重視**

上記①、②からすると、必ずしも市民の暮らしや住まいへの要求を第

一義的に重視した住宅建設ではなかった。特に前半での建設において、市民の居住実態を調査・研究し、その成果も反映させたが、「居住者側の立場に徹したか?」「上から目線であったのではないのか?」といった疑問もある。

　しかし他方、デザインチームの職員たちは、経済・景気・戸数主義の大方針からプレッシャーを受け入れつつも、市民の暮らしや住要求をとらえたうえで主張すべきは主張してきた。次章以降で述べるように、総じて、よくがんばってきたことは特筆すべきだ。

参考文献

1) 日本住宅公団10年史刊行委員会「日本住宅公団10年史」、昭和40年7月
2) 日本住宅公団20年史刊行委員会「日本住宅公団20年史」、昭和50年7月
3) 日本住宅公団史刊行委員会「日本住宅公団史」、昭和56年9月
4) 住宅・都市整備公団史刊行事務局「住宅・都市整備公団史」、2000.9
5) 株式会社住宅共栄「百万戸への道」、昭和56年9月
6) 塩崎賢明編『住宅政策の再生——豊かな居住をめざして』日本経済評論社、2006.2
7) 本間義人『居住の貧困』岩波新書、2009.11
8) 稲葉剛『ハウジング プア——住まいの貧困と向きあう』山吹書店、2009.10
9) 住田昌二『現代日本ハウジング史1914〜2006』ミネルヴァ書房、2015.9

広がる青い空と、穏やかな時間
六甲団地の思い出

O.M.（女性）　居住期間：1961年〜1968年頃

　昭和30年代後半から40年代初めの六甲団地での生活を振り返ることは、どのような環境で自分が育ったのかを思い出して、記録することのできる良い機会をいただいたと思います。神戸での子ども時代を回想してみます。

■ 最初の記憶

　六甲団地についての記憶で一番古く、鮮やかに思い出される光景があります。なぜそこにいるのかわかっていない、幼稚園児だった自分。そして母、一緒にいた二組の母子。みな上機嫌で愉快でした。

　白くてきれいな建物とブランコやすべり台などの遊具や芝生の広場が眩しく、空は果てしなく広く、それまで日常生活では見たことのない不思議な世界でした。

■ 機能的で明るい住居

　程なく引っ越した白い建物。その住居の間取りや設備は、とても機能的でモダンなものでした。DK、ダイニングキッチンというのは、その頃使われ始めた言葉ではないかと思います。母親が調理している傍らにダイニングテーブルがあり、料理の出来上がりを待つ時間はイスに座っておしゃべりをします。自分の机もあったけれど、宿題をして、おやつを食べるのはそのテーブルでした。DKはベランダに続き、どの部屋にも明るい光が差し込みます。住み始めた頃、洋式トイレは一般の住宅には普及しておらず、団地の住民でないお客さんが来ると一様に珍しがっていたことも覚えています。

COLUMN

■■ 六甲団地の全容

全体は15号棟あり、6つのブロックに分かれていました。1、2、3、4号館、5、6号館、7、8、10号館、9号館、11、12、13号館、14、15号館。

エレベーターはなく、4階建てか5階建て。そのうち、2、3、7、8、11、12号館の6棟は『星型』と呼ばれるタイプで、ワンフロアに三軒が三方向に配置されていました。団地というと、画一的なものと一般的にはとらえられていますが、住んでいた頃の自分にとっては、決してそのような印象ではなく、変化に富んだ魅力溢れるワンダーランドでした。

9号館のみ西向きに建てられ、その他の5つのブロックは、南向き。北に向かって段々に高くなっていました。ブロックごとに見晴らしの良い、ベンチが備えられたくつろげる場所と子どもの遊び場があります。元々あった様々な樹木、また団地を作る時に植えられ、よく手入れされている樹木、灌木もたくさんありました。ユキヤナギ、夾竹桃、藤、山吹、野ばらなど、四季折々の花々の彩りは今も目に浮かびます。春には見事な桜を楽しむことができました。家の中に花びらが入ってきたことを覚えています。蕨や土筆を採ったこと、夏の夜に北側の部屋の窓から入ってくる樹木の香りや、葉擦れの音など、自然を五感で感じていました。

■■ 外遊びの日々

各ブロックへは、団地東側と神戸大学経済学部の間を通る坂道、また団地内部の階段で移動します。

階段のある斜面には鬱蒼と樹木が生い茂り、子どもには絶好の遊び場、探検地帯です。太い根っこをつかんでターザンになったり、石ころをめくって虫を見つけたり。灌木をかき分け、土を踏みしめ、崖をよじ登り、石垣や階段から飛び降りる……擦り傷、切り傷は絶えませんでした。「忍者部隊『月光』」というTV番組に熱中していた頃には探検隊を結成し、隊長の「月光」を名乗っていたほどのお転婆でした。平場では縄跳び、ゴム跳び、ドッジボール。運動が好

きで、ダンスが好きだった私にとって、家の前の芝生は、学校で先生や先輩から教えてもらった技をトレーニングする格好のグラウンドでした。小学校3年生の頃には、地上回転や側転ができるようになっていました。子どもの頃、完全なアウトドア派だったのは、時代だけでなく環境にも大変恵まれていたと思います。

記憶にある一番遅い時間は夜の7時20分頃。夏至の頃だったのでしょう。

ブランコに北向きに座ると六甲山を背景に自宅の棟。ダイニングキッチンにはすでに灯りがともり、バルコニーから母が何度も顔をのぞかせる。南向きにブランコで立ち漕ぎをすると100万ドル（今は1000万ドル）の夜景。西は三宮から東は芦屋、大阪方面、そして神戸港の灯りが煌めいていました。ベランダからの母の何度目かの促しで、ブランコを降ります。親の目が届くところ、台所から見える場所でそんな遅い時間まで遊んでいられたのです。

■ コミュニティーとして

団地の一番南に位置する集会所では、子どもたちのためにいろいろな教室が開かれていました。神戸と東京を行き来されているモダンバレエの先生は、とても良い香りのする美しい女性でした。お習字や絵画の教室もありました。集会所の隣には、夏になると水着の子どもたちでいっぱいになる小さなプールもありました。

同じ小学校に通う子どもがたくさんいました。同学年の子どもは10人近くて、みな仲良く、互いの家にもよく行き来していました。親同士もよく連絡を取り合い、「お泊まりごっこ」をした友達もいます。学年が違っても、母親同士の気が合うと、男の子の家族とも一緒に食事をすることがありました。

その家のお兄ちゃんが小学校の4年生だった時。ある日、お母さんに叱られて「プチ家出」をしてしまい、すっかり日が暮れても帰ってきません。私の父親も加わり、大人たちで探し回りました。なんと歩いて15分ほどの阪急六甲の八幡神社の境内にいるのを見つけ、皆が安堵したことを、この文を書きながら懐か

COLUMN

しく思い出しました。

　核家族の一人っ子であった私にとって、いつも周りにたくさんの子どもがい
て、遊びたいだけ遊んでいたこと、いろいろな家族と交流があったことは、ど
れほどに貴重なことであったかと思います。母親たちは、よく子どもを見てくれ
ていました。また洋裁の得意な人、お菓子作りの好きな人、いろいろなテーマ
で集まり、教えあうこともあったようです。「タッパーウェア」のパーティー、「友
の会」の勉強会というものもありました。服飾デザイナーの「先生」が来られて、
デザインをしてもらって洋服を誂えるという集まりは特に印象的です。デパート
などにも既製服がそれほどなかった頃です。三宮まで生地を買いに行き、「先生」
が来られてデザイン画を描いてもらったり、仮縫いをしてもらったりする時に同
席するのは、子どもにとっても華やかな心浮き立つ時間でした。

　母親たちは専業主婦で、父親はサラリーマン。転勤して神戸に来た家族もい
ました。近くに親兄弟や昔馴染みがいなくて寂しい思いをした人もいたでしょ
う。それでも、助け合って楽しみを見い出しながら子育てができたのは、穏や
かな時代だったからだけではないように思います。その頃の六甲団地が、核家
族が中心である都市の生活形態であっても、人情味もあり、包容力もある優れ
たコミュニティーだったのではないでしょうか。

　明るく広い空、六甲の緑、神戸の街と海。
　自然の探検場所と、よく考えられた安全な遊び場の融合。
　遊び仲間、地域のコミュニティー、清潔でモダンな生活。
　それは小さな家族にすべてが調えられていた、穏やかな優しい時間でした。

chapter 2　UR住宅と暮らしの革新

1　UR住宅と家族の暮らし

　　UR住宅60年間の居住者暮らしは、"戦前の大都市圏都市住宅での市民の暮らしから一変した"、といってもよいほど変わったのではなかろうか。

　　UR初期の住宅は、中層のRC造が一般的で、上下階に人が住む積層集合住宅であり、耐震性・耐久性・耐火性に優れている。2階建て木造住宅と異なり上下での暮らしはお互い気をつけなければならないし、高齢者や障がい者は階段の上下歩行は結構つらい。が、地震や火事の心配が要らず長期にわたって構造的な安定性がキープされている。

　　各住戸は狭いが、間取りをはじめ諸設備機器や建築材料・部品・部材などもよく考えられた設計になっている。まず、南側のDK（ダイニングキッチン）空間の出現は主婦にとっても家族にとっても、いわば"革命的"な変化であった。そこでのイスザによるテーブルでの食事はユカ

ザでの"ちゃぶ台"のそれから、食事スタイルを大きく変えた。また、キッチンでのステンレス「流し台」と「調理台」、ガスを使った炊事と風呂、そして水洗トイレなどの設置により、水まわり関連での暮らしを大きく革新した。部品や部材においても、玄関ドアやシリンダー錠、アルミサッシュ等々、近代的であり、合理的でもあった。これらが、60年間でさらに発展してきている。

　屋外の空間は広く、のびのびと遊べる広場・公園もあり、樹木や草木など敷地の自然も結構残され、新たに数多く植えられた。団地内外では交通、保育所・幼稚園、学校、病院・診療所、店舗、飲食店など生活関連施設も徐々に整備されていった。このようなUR住宅と団地空間において、大きな「暮らしの転換」があったわけである（注1）。

　周知のように大都市圏において、この30〜40年間での社会と経済の変動は大きく、大都市での家族もそれに伴って変容してきている。家族における小規模化（単身、夫婦のみ、母子・父子といった家族の増加）、高齢者の増加、子どもの減少である。UR住宅では、家族人数は平均1.9人、かつ「1人住まい」と「2人住まい」の計で76％、さらに世帯主の年齢では60歳以上が73％にもなる（chapter 7　注1）。

　このような家族の規模・形態の変化は、次のように、家族のもっていた機能も変容させる。

1. 家族皆での行動は減少し、多様化した外部の友人・知人との付き合いが増える個人化と社会化の傾向が強くなり、全般として家族の絆が弱くなってきている。
2. 高齢者への介護、子どもの保育・教育、健康保持、情緒的安定、そして家庭文化の継承などに関する、かつて有していた家族内共助力（＝「家族力」）が低下傾向にある。

part 1　UR住宅のデザイン文化

　このような、家族の絆や家族力の低下は、UR住宅や団地空間での暮らしにも影響する。かつては家族型としての典型であった勤労者の若年「核家族」が主要タイプの居住者集団が、この数十年間で大きく変わり、年金を受給する高齢の単身や夫婦のそれになった。加えて、多くの居住者が低所得化し公営住宅居住者層と差がない状況である。このような事態からすると、必然的に国や自治体の福祉的対応、居住福祉政策拡充が不可避となってくる。

　住まいの文化を考える時には、そこでの住まい手の暮らしのありようを抜きには考えられない。つまり、URによってデザインされ、建設された団地空間に長期間にわたって居住者が暮らしていく。その過程で、要求や要望をURに出し、URはそれを受けてデザインに反映させ、その上で住宅や団地の多様な改善を実施する。居住者は改善された空間に住む。また、日々の暮らしでは、「安全・安心・快適」と、これらを含めた安定的な継続性が重要である。その中でも多様な要求を出し、それを様々な形で実現しながら、住様式やライフスタイルといわれる"カタチ"が創りあげられていく。年月とともに、総体として、「文化」が形成されていく。

　この章では、戦後、日本の大都市やUR住宅における暮らしがどのように変わってきたか、なかでも、食事とだんらん、イスザとユカザの起居様式、入浴スタイル、履床様式（上下足の分離・不分離のカタチ）といった基本的な暮らしの「行動」について取り上げ、その変容や革新の実態概要をみていきたい（デザインを含めた詳細についてはpart 2）。

040

２ 食事とだんらん

　その時代での社会・政治・経済が変わることで、当然生活者の暮らしも大きな影響を受ける。

　戦前においては家族の絆や秩序を保持・強化することが家族の意味・役割でもあると考えられ、当たり前のように大事にされてきた。ところが、上述のように、戦後家族構成員の個人的考えや生活行動が優先され、親兄弟姉妹よりも、家族外の友人・知人との関係を重要視する傾向にあり、家族でまとまることが少なくなってきている。祖父や祖母との暮らしや先祖への敬いも少なくなりつつある。小規模化した家族内では、プライバシーが過度に大事にされ、コミュニケーションの希薄化も問題視されている。

　このような家族内での変化は、食事とだんらんのありようにも顕著にみられる。「家族皆での食事」や「家族そろってのだんらん」が少なくなりつつある実態がみられる。家族そろっての食事やだんらんは、住まいの中でのもっとも基礎的かつ重要な生活行為であり、家族の絆を強化し家族の伝統や文化を創っていくうえでも極めて大事である。時代や社会が変わっても優先されるべきことではなかろうか。

　それだけに、住まいでの暮らしの変容に関わる実態把握や基礎的研究のテーマの一つとして、食事とだんらんについて継続して、調査や研究も幅広く継続していくことが大事だ。

１ 食事はコミュニケーション

　食事に関しては、家族の生活行為の中で、もっとも基本的かつ大事なコミュニケーション手段でもある。しかし近年住まいの中での家族の食事の仕方が大きく変化してきている。

part 1 UR住宅のデザイン文化

　戦後の経済高度成長期あたり（1970年代）までは、「茶の間」で「ちゃぶ台」を囲んで家族全員が、昼食は無理としても、朝食だけでなく夕食も一緒に食べることが基本であった。「同じ釜の飯を食う」とは、起居を共にした親しい仲のことを言っているが、元はといえば、食事を共にすることを通じて集まった人や家族が同じ時間を共有し会話をすることで仲良くなり、"絆"を強めコミュニティを形成したことを表現している。やはり、今でも夕方の食事時には、家族が毎日は無理としても、週の多くの日には集まって、会話をしながら食事することは不可欠ではなかろうか。ただでさえ家族間での会話は少なくなっている今日ではなおさらのことだ。食事は、家族皆が共通してリラックスできる楽しい時間でもある。

　例えば、食事時に子どもは学校での出来事や近所の友達の話をして、親はそれを聞いて子どもの様子をそれとなく知る。親は適度にアドバイスを与える。母親は居住する団地での暮らしの話をして、パート職場での出来事や愚痴も出す。父親はそれを聞きながら、母親の悩みを判断する。というような具合で、面と向かっては言えないことも、それとなくお互いが知り、理解を深める。これの積み重ねが、家族内で何か問題が起こった時に威力を発揮して、早期の解決につながる。このようなことで家族間の"絆"も一層深まっていく。それを基礎に、一層の会話の機会も生まれ、さらにお互いをより深く理解するといったような好循環が生まれる。

　ところが、近年は、私の勤務する女子大の学生に聞いても、家族が一緒の夕食をとることは稀であり、1週間に1〜2回あればいい方である。全く個々人で食事をするケースがほとんどで、正月などの「ハレ」の行事にしか全員が集まらないという家族も多い。では、「どのような形で家族間コミュニケーションをとっているか？」と聞くと、それも曖昧だ。

それでいいのだろうか。「家族のコミュニケーションは不要なのか?」と
さらに聞くと、「コミュニケーションは大事です!」と口をそろえる。

　このように、一緒に食事をしない反面、家族構成員はバラバラに個々
人での「個食」「孤食」があるように、家庭の内外で、個人での食事が
増えている。このことによって、家族内でのコミュニケーションが大き
く減少してきていることは間違いない。背景には、近年の多様な外食産
業の肥大化、労働時間の増大や働き方の多様化、塾やスポーツ・文化の
稽古事の流行、スマホやパソコンなどの個人向け通信システムの広範な
普及等がある。

　家族内で全員の時間を合わせることは難しい。家族の一人一人がその
必要性に配慮し、皆で具体の方向がまとまらなければ実現できない。

▐ 2 ▐ リビングルームでのだんらん

　家族内でのだんらんの減少も顕著である。

　家族メンバーが集まれない、集まる時間がない。核家族、小家族が増
えてきている現代の家族生活で、だんらんが減少してきているというこ
とは、憂慮すべきことではなかろうか。

　家族内で一緒に過ごせる時間がないことが一つの要因である。食事同
様、個人化傾向のなかで、家族外での自分の仕事、遊びを優先し、家族
そろっての会話・お茶・遊び・ゆったりするといった時間が取れなくなっ
てきている。

　もちろん、食事の後や土曜日の夜などに「家族全員が居間や茶の間に
集まってのだんらんは、果たして必要なのだろうか?」という意見もあ
ろう。むしろ、そのような強制的なもしくは擬似的な家族のだんらん風
景は不要だという議論だ。時代、社会の変化に合わせながら、その都度
考えて実践していけばいいという側面もあろう。しかしながら、逆に、
あまりにも家族内で個人が勝手にふるまい、個人の事情を優先して暮ら

していくとするなら、極端には家族の意味がなくなる可能性も出てくる。やはり、人生の先輩でもある両親をリーダーやまとめ役にして、家族内でのだんらんやコミュニケーションは必要なのではなかろうか。

　このようなだんらんの場としては、UR住宅では、当初はDKの横の和室、nLDK型（n個の私室とL、D、Kで構成される公室による「公私室型」）住戸が供給されてからは「L」（リビングルーム）が用意され、今やそれが主流となっている。ところが、URだけでなく日本の都市住宅の典型であるnLDK型の「L」での生活行為において、以下の3点の"不思議"がある。

①多目的に利用

　そもそも、「L」の考え方は欧米から渡来し、戦後すぐの建築家達による「モダンリビング」発想の影響を受けた、家族のだんらんあるいは接客のための空間である。現在でも、一義的にはそのための空間であるが、日本では家族だんらんが少なく、特に近年は、パーティーの多い欧米とは違って"気の張る"客も多くないこともあって、他の利用目的も多い。例えば、家族の食事室、昼間の専業主婦の家事室、子どもの勉強スペース、洗濯物の一時取り込み場、父親の着替え場所そして来客者の寝室、など雑多で、「L」空間の利用は極めて「日本的」なのである。

　この日本的多目的性は今後どうなるか？　生活文化の展開に絡めて興味深い。

②「L」でのイスザは定着していない

　周知のように、DKでのテーブルとイスによるイスザの食事スタイルは定着している。

　ところが、「L」でのイスザは必ずしも定着せず、冬は電気炬燵を利用

Chapter 2　UR住宅と暮らしの革新

し応接セットのイスを背もたれにする、夏は炬燵の布団をハギ取って座卓にするといった現象が出てきた。全国レベルではあるが、応接セットの売れ行きが1981年頃をピークに頭打ちとなっていった報告もある。

　それでも近年は、「L」自体も面積が拡大するなどで、再びというか、応接セットも普及しつつあるようにも思える。結果、マクロにみると、「L」にも、次節に述べるイスザとユカザが共存しているようだ。

③横に和室がある

　なぜか、多くの住宅の「L」の横にはふすまを隔てた続き間和室が多い。

　住宅を供給する側は、一生懸命需要者側の要求・意向をとらえて設計するわけであるが、その結果がこれである。需要者の「続き間」生活の"DNA"が残っていてそうさせたのではなかろうか。確かに、かつての農家での暮らしにおいてそうであったように、親戚など大勢の来客時には便利である。でも、すでに大勢の来客や集まりもなくなり、さらには「L」の面積が拡大していることもあって、「L」横和室も減少化をたどるのではなかろうか。現在では、さらに進化して、和室のない住宅もあり、「L」横の部屋も洋室化しているプランもある。

　以上のように、「L」は家族のだんらんだけでなく、個室やDKでの生活行為を受け入れている側面が強い。この多目的利用、多面的な活用が今後どのように展開していくのか、だんらんはどうなっていくのか、家族の変容と共に興味が尽きない。ていねいかつ継続的な調査研究を要する。

③　暮らしの洋風化と頑固な和風

1　ユカザからイスザの流れだが

　住宅の起居様式（立ち居ふるまい）には、イスザとユカザがある。

045

イスザは暮らしの洋風化であるが、暮らしの革新でもある。日本では特に第二次大戦後イスザが席巻してきているが、ユカザもなくなりはしないところに日本の起居様式の面白さがある。

明治時代から大正時代での生活全般の近代化のなか、洋風生活スタイルが家庭にも入ってきて、イスザの応接間をしつらえた住まい方も現れた。それでもその応接間以外は畳の部屋（和室）であり、例えば食事もちゃぶ台で一家そろってとっていた（その様子は漫画「サザエさん」での磯野一家の食事場面を思い浮かべるとわかりやすい）。つまり、応接間がそうだからといって、食事もイスザへとは早急には変化しなかったのである。

ところが戦後、UR住宅含め公的住宅では、「K」にイスザの食事テーブルを置く「DK」が、日当たりの良い南側に配置され一般化した。

1970年頃のUR住宅は畳部屋ばかりでかつDK型中心であったが、2000年頃になると、LDK型中心で、個室はといえば和室は1室、その後、上述のように現在では和室のない住戸も多数出現している。連綿と約600年にわたって継続してきた畳部屋が、今やフローリング中心の洋間にとって代わられようとしている。住戸内での生活がユカザからイスザに大きく転換してきているのである。食事スタイルは、和式の旅館や多数が集まって鍋などを囲む時以外は、日常的にはほぼイスザが定着している実態にある。また、近年では旅館だけでなく和風の食事処でも、畳にじゅうたんを敷き、堀炬燵に改良し、イスザにしているところが増えてきている。

竪穴式住居以来、数千年〜10千年程続いてきたユカザによる食事スタイルが、わずかこの半世紀ほどでイスザへと大きく変換してしまった。まさにその歴史的な瞬間に我々は遭遇しているが、我々はそのことには気がつかずに日々生活し、今日もイスザで食事をしている。起居様式の革命的変化である。

個室では、子ども部屋がまずイスザになった。

UR初期の頃は、最近の旅館・食事処のように畳の上にじゅうたんを敷いてイスと学習机が置かれた。これは、床に布団を敷くのではなく二段ベッドなどが入り、子ども部屋にはイスに座る学習机が普及したことによる（メーカーも宣伝し、親も「子どもの勉強のためなら」と積極的に買い与えた）。子どもが学校ではイスザであり、やはりイスザのほうが長時間机に向かえるということなどから、次第にイスザが浸透していった。

日本の伝統的文化である、お茶、お花、書道、香道、そして日本舞踊など着物と結びついた和風でなければならない行為は、ユカザが基本であり、やはり畳の和風の空間・部屋が不可欠である。そして、私の勤める女子大の学生たちもそうだが、畳の上で、ごろごろしたり、昼寝をしたりといった行為は、これはまた心地いいもののようであり、なくならないのではなかろうか。

日本人の畳への郷愁は「DNA」に刷り込まれていて、そう簡単には消えない。

2 頑固な和風スタイル

一方、日本の伝統的な生活スタイルのうち、変化しないもしくは変化しにくい様式もある。「入浴スタイル」と「履床様式（上下足の分離と不分離）」である。この2点を見よう。

①入浴スタイルは変わるか

入浴は古今東西、ヒトが裸になり、お湯と水、場合によればタオルや石鹸類を使い体を清潔にする行為であり、健康保持やコミュニケーションの手段にもなっている。

part 1　UR住宅のデザイン文化

　現代日本の家庭では、とにかく清潔好き・風呂好きの国民性もあり、毎日のように湯につかり浴槽の外に出て体を洗う。ゆったりと時間をかけ、誰にも邪魔されることなく、いい気持ちになり癒される。子どもが小さい間は、親と子あるいは孫との"裸の付き合い"ができるまたとない時間でもある。

　ところで、日本でもこの20〜30年で多くの家庭にシャワーも導入された。シャワーのみで済ます場合もあるだろうが、日々の入浴に代えるという人は少ない。

　日本ではこの一連の入浴行動は連綿と続いてきたし、今後とも普遍であろう。イスに座っての食事や勉強・仕事、ベッドでの就寝、あるいはトイレがほぼ完璧に西洋風になっているのに、全く頑固に変わらない。和風の入浴スタイルを堅持している。なぜだろうか。

　そのわけは、まずは、夏は蒸し暑く冬は寒く、使用する水も比較的手に入りやすいといった日本の気候や土地の条件にあるのではなかろうか。また、清潔好き・きれい好きといった民族性も影響している。そして、日本人の老若男女温泉好きあるいは銭湯好きにも関係していると思われる。温泉・銭湯だと、大勢同時に入ることからシャワーや西洋風呂というわけにいかず、現在のような日本式の風呂・入浴スタイルが固定する。

　私が勤める女子大の学生にアンケートしても、「風呂はやはり日本式が良い」という声が圧倒的である（注2）。家庭での日常的な生活スタイルの決定権は「主婦」にあるようで、今後の入浴様式はこれで"決まり"である。

　住宅内の浴室も進化している。

　現在では、浴室と洗面、洗濯、キッチン含めて4か所給湯する集中型の給湯器がバルコニーなどに設置されるようになり、現在では、浴槽底

の栓をして、スイッチ「ON」で自動的にお湯が張れる。そして、若干
意味不明であるが「お風呂が沸きました」というアナウンスさえある。
ぬるくなればまたスイッチ一つで追い炊きもできるし、給湯配管の清掃
もしてくれる、といった具合に至れり尽くせりである。これ以上、浴室
にはどんな機能が必要なのだろうか。女子学生に聞くと、ジャグジー（浴
槽の底や壁面から気泡を噴出させる）やミスト（湯を霧状にして圧をか
けて噴霧）が欲しいとか、音楽や照明に凝りたいなどと言う。これらは
アクセサリーオプションとして設置可能である。

　入浴の目的は、一般的には体を清潔にする、血液の循環などの保健、
親子・兄弟間の裸の付き合い、そしてそれらの結果としての快適性・癒
し・幸せ感であろう。これらの要求を満たす機能としては、ほぼ完成と
いうことではなかろうか。

②どうなる上下足分離

　近代以降、日本には欧米の住文化が流れ込み、生活も洋風化かつ合理
化し、住まいや家具類もそれと関連しながら洋風化してきている。現代
でも畳がフローリングに変わり、和風便器が洋式トイレ、布団がベッド、
"ちゃぶ台"がテーブル、そして座卓が応接セットへの変化などがみられ
る。ところが、下足を脱いで家・部屋に入るという行動様式はなかなか
変わらない。

　なかなか変化しないのではあるが、上下足分離のスタイルは今後どう
変化するかはわからない面もある。つまり、欧米などのように上下足不
分離へ進んでいく可能性もある。以下のように3つぐらいの関連する促
進要因があるからだ

　●バリアフリー化の進展

　増加している高齢者あるいは障がい者などのハンディキャップ者のた
めの住宅内バリアフリー化の進展である。つまり、心身機能の低下した

高齢者などが、自宅に住み続ける場合にはバリアフリー化は必然であり、車イスの通行やつまずきをなくすため、床の段差はできる限り解消しなければならない。その時の実際の生活を考えるとわかるが、玄関から入って各部屋や水まわり、ベランダなどどこへ行くにも、履物の履き替えなどない方がスムースである。

●空調設備の発達と普及

空調設備の発達と住宅への急激な参入である。もともと、日本人が下足を脱いで床に上るのは、夏の高温多湿の気候に大きく起因している。空調でそれがコントロールできるなら、自然の気候条件をある程度クリアでき、「住宅のなかでも履物を脱がなくても生活できるのでは」と考える人が増えるのではなかろうか。

●SOHOの増加

集合住宅での「SOHO（仕事部屋をもって自宅で仕事をする）」化による上下足の不分離化が進むのではなかろうか。マンション在宅の仕事で、来客が多い職業では、上下足一体化が進み、それがやがて在宅のほうにも影響を与え、住宅のほうも一体化していくものと思われる。

積層型集合住宅では、戸建てやテラスハウスと違って各住戸の玄関から各部屋へ行くのに、比較的段差が小さく上下不分離の可能性大である。そして、加えて住戸内での畳部屋の減少化である。仕上げが畳だと下足を脱がざるをえないが、洋室が増えフローリング化が進む今日では、上下足一体化へのきっかけにもなる。

このように、今後集合住宅では、上下足不分離への移行の可能性が高い。

現に、東京都江東区のUR住宅「東雲キャナルコートCODAN」では、「SOHO」が提案されている。ただ、住宅内で上下足一体化されると、床は不潔にもなりがちだ。"ごろんと"横になれない。清潔好きな人は困

る。どうするか。部屋の一部に畳仕上げの"小上がり"を「しつらえる」ことになるのだろうか。

（注1）「コラム」にみる居住者の思い

本書では、各chapterの最後に、UR住宅に居住経験のある人に、かつてのあるいは今の暮らしの経験を自由に書いてもらった。本書はタイトルを「団地と暮らし」としているが、暮らしに関しての実態がどうなっているのか、著者による記述が十分ではないことから、それを補強すべく任意に8人の方にお願いした次第だ。

これらのUR住宅居住経験者に共通して、特に子ども時代の思い出として、家族をはじめ近隣の友人・学友との付き合いや団地での暮らしの楽しかった様子を髣髴とさせる。また、屋外空間も含め優れていることなどから、「公共住宅として残してほしい」の声もある。

（注2）学生の意向を聞く

「若い女性の入浴スタイル」アンケートとして、神戸松蔭女子学院大学ファッション・ハウジングデザイン学科1年生学生40人に聞いた（2014年7月16日実施）。

①温泉は好きか
・80%強が好きと答えた……理由は「疲れが取れる」「リラックスできる」
・嫌いな学生も1割ぐらいはいる。「あかの他人と一緒の風呂には入りたくない」がその主な理由

②実家での入浴時間
・過半が「30分以上1時間未満」、「30分以内」は4割弱。どれくらいの時間で長湯と言うのか定かではないが、やや長湯の傾向。

③実家での入浴スタイル
・和式（湯船に浸かって、外の洗い場で体を洗う）か洋式（湯船で体を洗い、一人一人湯を入れ替える）かであるが、前者が7割、3割が洋式である。今後少しずつ、洋式が増えていく傾向にあるのかもしれない。

④シャワーの利用
・「時にはシャワーだけでよい」が過半。和式が好ましいとこだわる学生は2割弱であり、「浴槽はなくてシャワーだけでよい」も2割強ある。今後はシャワーがかなり普及していくことも考えられる。

⑤今後の入浴スタイルはどうなると、考えるか
・「和式が残っていく」と答えたのは5割、「洋式が増える」「シャワーのみが増える」が各々2割前後ある。このことから、和式を維持しつつも、漸次「洋式」や「シャワーのみ」も増えていく可能性もある。

参考文献

1) 鈴木成文『五一C白書　私の建築計画学戦後史』住まいの図書館出版局、2006.12
2) 山本理奈『マイホーム神話の生成と臨界──住宅社会学の試み』岩波書店、2014.2
3) 三浦展『あなたの住まいの見つけ方──買うか、借りるか、つくるか』ちくまプリマー新書、2014.3
4) 原武史『団地の空間政治学』NHKブックス1195、NHK出版、2012.9
5) 西川祐子『住まいと家族をめぐる物語──男の家、女の家、性別のない部屋』集英社新書、2004.10
6) 沢田知子『ユカ座・イス座』住まいの図書館出版局、1997.6

COLUMN

浜甲子園団地における
幼児・小学期の暮らし

I.H.（男性）　居住期間：1964年7月〜1972年3月

　浜甲子園団地生まれの私が浜甲子園団地で暮らしたのは小学校1年生と2年生
の間の春休みまでの幼児期です。私の浜甲子園団地での暮らしを振り返ってみ
ます。

■ 浜甲子園団地に居住した経緯

　私が生まれる以前、家族（父、母、5学年上の姉）は明石市林崎の公団住宅
の2Kタイプに住んでいましたが、当時の父の勤務地に近くなる浜甲子園団地
に応募したようです。希望住戸タイプは3Kでしたが入居できたのは2Kでした。
家族が暮らしたのは団地の中でも最も南西寄りの113号棟（5階建て、3階段室、
30戸、すべて2K）の一番東側の4階、402号室でした。両親が4階を希望したのは、
最上階の夏場の熱さを避けたかったことや階段室内を通過する人の少なさが理
由だったようです。

■ 浜甲子園団地における暮らし

①幼稚園入園以前（母が専業主婦期）

　0歳〜3歳の間は母が専業主婦として家にいました。物心ついたのは3歳の頃
で、この時期から記憶があります。幼児期の生活領域の拡大要因は同年齢の友
達の存在ですが、113号棟の30世帯に同年齢の子どもが私を含めて5人もいま
した（姉も113号棟に姉を含めて5人同級生がいたようです）。対面住戸401号
室に住むU君と、別の階段室の、姉同士も同級生だったYさんと、G君、K君の
3人と私の5人です。そのため遊ぶことには不自由しませんでした。けんかする
こともありましたが、すぐに仲直りして遊んでいました。生活階層がそろってい
たことが良かったのでしょう。

053

3歳の頃、毎日のように対面住戸に住むU君の家のドアをたたいて遊びに誘い、黄色いおもちゃの車に乗って113号棟周囲の屋外空間を走り回っていました。今思うとほとんど車の来ない安全な屋外空間で、特に南側（バルコニー側）の花壇のある芝生地は安全な遊び場だったことが良かったです。

3歳で体験した113号棟（建物）は現在の感覚よりもずっと高く屋外空間もずっと広いものでした。中学生の時に懐かしくなり113号棟を訪れたことがありますが、住棟は低く屋外空間は狭く感じ、違和感を覚えた記憶があります。

U君だけではなくYさんとは彼女の家や住棟近傍の砂場のある公園でよく遊びましたし、U君よりは頻度は低くなりますがG君やK君とも住棟まわりで遊びました。時々母に連れられて団地の南側にある鳴尾浜公園にも遊びに行きました。

②幼稚園入園以前（両親共働き期）

4歳の時に父が設計事務所を起業して母が会社を手伝うため働きに出ることになり、私の生活は大きく変化しました。父の事務所は阪神西宮駅に程近い賃貸事務所の一室でしたが、両親は私のために事務所と同一階の小さな別室を借りました。白黒テレビやおもちゃを備えたその別室で、日中（113号棟の友達から離れて）一人で過ごすことになりました。たまに姉同士も同級生だったYさんの家で預かってもらっていたようです。両親の帰りが遅い日にはYさんと一緒にお風呂に入れてもらっていた記憶があります。

③幼稚園期

5歳の時に「浜甲子園幼稚園」への入園に伴って生活が激変しました。以降私はずっと「鍵っ子」で、親は家にはいないことが当たり前になりました。幼稚園は浜甲子園団地全体のほぼ中央に位置しており、113号棟から離れていたため生活領域が一気に拡大しました。

幼稚園では113号棟のYさんが同じ組でしたので仲良くしていたのですが、新しい環境の中で一緒にいて面白そうな新しい同性の友達をつくることに夢中になりました。特に活発だったK君と仲良くなり、次第に彼や彼の友達と遊ぶ

COLUMN

時間が多くなっていきました

　当時浜甲子園団地の西側には路面電車が走っていました。幼稚園から帰宅後、路面電車で阪神甲子園駅へ、阪神電鉄で甲子園駅から西宮駅へ、西宮駅から徒歩で両親がいる設計事務所まで行った記憶があります。路面電車内で大人の方が心配して声をかけてくれることもありましたが、本人は活動範囲を拡げていくことが楽しかったのでした。

④小学校期（1年生）

　6歳になると「東甲子園小学校」に入学しました。姉は「浜甲子園小学校（現在の甲子園浜小学校）」に通い続けていましたが、私は、団地内の子どもの増加に伴って新設された「東甲子園小学校」に通うことになりました。幼稚園よりも小学校が近く、113号棟から小学校まで歩行者専用通路だけを歩いて通学できるという安全な環境でした。

　小学校では幼稚園の時と同様に一緒にいて面白そうな新しい友達を開拓し、ほどなくM君やE君や人生で初めて『告白』されたTさんと仲良くなり、放課後は彼らが住んでいる住棟まで行って遊びました。日中、母がいなかったこともあり私は専ら遠征する側でした。気の合う友達がたくさんいることは本当に楽しいことでした。

　放課後に北側街区136号棟のE君の家に遊びに行く際、横断歩道で赤い自動車にはねられたことがあります。車と衝突した際と、空中から道路に落ちた際の打ち所が良かったため、奇跡的にかすり傷程度ですみましたが。

■■ 浜甲子園団地を転出した要因

　転出した要因は、子どもが大きくなってきた4人家族の生活に2K住戸の住戸規模（室数・面積共）では適合しにくくなったためです。私が1年生の時に姉は6年生でしたが、二段ベッドを姉弟で共有していて手狭な状態でした。姉弟が異性であったことも転出に影響していたと思います。同じ年齢差の姉がいるYさんの家（4人家族）も私が引っ越した数日後に引っ越すことになっていました。

姉妹が同性であることの他は似たような事情だと思います。対面住戸のＹ君には2～3歳下の弟がいたと記憶していますが、彼の家も数年後に転出したと聞いています。

1972年3月に神戸市東灘区の分譲団地「渦が森団地（神戸市住宅供給公社）」の3個室住戸へ転出しました。友達との別れはとても寂しかったことを覚えています。

浜甲子園団地で暮らした経験で良かったのは、幼稚園以前、幼稚園、小学校とそれぞれの時期・段階で気の合う友達を多く得て、仲良く楽しく暮らせたことです。特に幼稚園以前に自分の住んでいる30戸という親しみやすい単位の同一住棟内で、少なくとも自分を含めて4人以上の友達がいたことは（幼児なりに）社会性を養う訓練になったように思います。それが幼稚園、小学校と新しい環境になってもまた新しい友達をつくっていける原動力になったとも思います。

団地では短期間に似た世代の世帯が多く入居することの弊害が指摘されていて、それはその通りですが、似た世代が多く入居していたため幼児期に友達がたくさんいて楽しかったこともまた事実です。何事もバランスが重要ということかもしれません。

良くなかったことは、団地内に移転居住できる住戸規模（部屋数・面積共）のストックがなかったために、慣れ親しんだ友達のいる浜甲子園団地を転出せざるを得なかったことです。残念ながら幼児期に仲良くなった友達とは誰とも付き合いがありません。住み続けたかった人が転出せざるを得なくなることには改善すべき課題が潜んでいるのではないでしょうか。

賃貸住宅の集積による集合住宅地を「住み続けることができる街」としてとらえた時、現在住んでいる居住者を大切に考え、家族の成長や増減に応じて団地内移転できる住宅供給の仕組みが必要だと考えます。またこれを大幅な家賃アップを伴わずに無理なく実現するために、住棟リノベーションによる住戸規模改変という手法を活用することは意味のあることだと考えます。

chapter 3 UR住宅のデザイン文化

1 UR住宅デザイン文化の意義

1 文化からみた公的住宅

　日本では、全国各地の歴史的に創られた文化遺産が、結局は経済的価値を優先し、また社会的な大きな流れの中で、壊され消えていくという現実がある。過去を振り返り、歴史から学ぶという姿勢に欠けているのではなかろうか。日本固有の伝統や歴史的な文化遺産や文化の論理は、「経済の論理」に比べて何かと弱い。日本人は経済の論理で説明されると、引っ込んでしまう。

　「文化」という言葉は、文化勲章、文化包丁、文化村、文化財、文化人、文化遺産、服装文化……と、日常の会話でも頻繁に使われる。「文化」は何かと使い勝手が良い。

住宅分野では、1922年、上野平和東京博覧会の「文化村」には戸建て住宅のモデルとして、「文化住宅」という呼称で展示されている（日本初のモデル住宅展示）。1925年にはヴォーリズ設計の「御茶ノ水文化アパートメント」も竣工している。戦後では、高度経済成長時代、今となっては"死語"になりつつあるが、大都市（特に関西）で大量に供給された、都市勤労者を受け入れた「文化住宅」（木造賃貸住宅では、これと「木賃アパート」との二つに大別）もある。

また、集合住宅の文化を考える時必ずピックアップされるのは、「同潤会住宅」であろう。関東大震災後、耐震性・耐火性を確保したRC造集合住宅で団地を形成した嚆矢でもある。その同潤会が建設した賃貸集合住宅も建て替えられてしまった。同潤会住宅は世界文化遺産の「ベルリン集合住宅群」(注1)とほぼ同時期の建設であり、文化的価値も高い。保存運動があったにもかかわらず、消滅してしまった (注2)。残念なことである。

しかし、同潤会住宅のデザイン蓄積は、1941年設立された住宅営団（戦時中の軍需工場従業員向け住宅を全国で建設。1946年解散）に受け継がれた。さらには戦後、住宅営団から調査・研究、配置設計や住宅の設計基準などの成果も含めて、URのみならず公営や公社にも、これら"先輩"から空間デザインのノウハウが引き継がれている。

かつて、西欧から日本の住宅全般を「ウサギ小屋」と揶揄されたことがあった。

その西欧諸国・諸都市は、良好なストックをもち、市民も納得する規模、町並み、景観等も含め、厳しい公的規制が一般的である。ドイツ、オランダ、北欧諸国などでは、社会政策、都市政策や福祉政策のもとで同じ時期に建設された集合住宅はリニューアルされても、外観は変えずに大事にして、居住者も普通に住み続け、当たり前のように住み継がれてきて

いる。そこには、暮らしを大事にする市民的コンセンサスを見出す。

　このような西欧住宅事情とは大きく異なる日本の大都市での集合住宅を直視する時、もっと国や自治体で先導的にかつ主体的に、責任をもって法制度を整備し規制を行い、居住環境の水準向上に力を入れるべきではないかと考える。

　戦後、日本の住宅水準の低さ、居住環境の貧困を長年の努力で多少改善することができたとするならば、それは公営、公社含め公的住宅建設主体、特にURの存在があったことは否定できない。法制度と税金・公的資金を原資にして必要に応じた財政支出などにより、国や自治体が積極的に公的住宅を建設し、より豊かな住宅と居住水準の実現を目指した。

　この公的住宅政策の重要性そして必要性は、近年より一層増してきている、といってよい。

　ところが、むしろ公的施策を大幅に拡大・展開すべきでありながら、20年前あたりからの公的住宅政策大縮減のなか、公的住宅三本柱関係が皆一斉に「やめた！」と手控え続けてきた。今後、「新規」「再生」を問わず、住宅建設のすべてを民間にゆだねていいものだろうか。もちろん民間が建設もしくは供給する住宅では文化の創造はできないとは思わない。民間の賃貸住宅にも優れたデザインのものもあり、文化的にみてもレベルの高いものもある。しかしながら、いくら大手の不動産会社、デベロッパーやハウスメーカー・ホームビルダーといえども、民間であるかぎり、利益が優先され、お金にならないような余計なことはしたくない。当然中低所得者対象の住宅建設や居住水準向上への期待はできない。まして、景観やまちづくりの観点からの構想はできても、事業化は難しい。昨今のように経済状態が厳しく、競争も激しい時代においては、なおさらのことだ。

　UR住宅において、多くは建て替えられたが、初期10年間に建設され

た168千戸に及ぶ住宅と団地空間の中には、デザイン面で"佳作"が多かった。当時のUR職員と外部の建築家たちとのコラボレーションによる「力作」であると評価を受ける住宅や団地空間が少なくない。URの公的立場もあり、その住宅政策の中での位置づけも高かったからこそ実現できたと考えられる。

同潤会住宅も含め、過去100年に及ぶ先人達が苦労してデザインし、多くの市民がその住宅や団地空間で暮らし、住宅のデザイン文化が創られてきたことの意義は大きい。

■ 2 UR住宅デザイン文化への社会的評価

URによってデザインされた住宅や団地空間は、戦後の高度経済成長を支え、戦前にはなかった新たなライフスタイルをもった中間階層・勤労者層（ホワイトカラー層）の居住する集住体として登場した。同時に、そこには多くの文化人・学者、芸術家・芸能人そして政治家も住んでいた。団地居住者や自治会・ボランティアの面々は居住環境や生活向上や諸要求実現のための住民運動にも活躍した。そして、60年にわたる時間の経過とともに、「UR住宅デザイン文化」が形成されていった。

これらを団地の外側・外部から、新聞、ラジオ、映画、テレビそして最近ではネットでも積極的に取り上げられ、報道・発信され一般にも公開されてきている。また、大衆的文学や漫画・アニメーションといった文芸関係にも多く取り上げられている。都市社会での鉄筋コンクリート集合住宅での新たな住み方や人間・近隣関係への興味・関心が、これらのメディアを大いに刺激したことによる。

UR住宅や団地空間での新しい集住スタイルが、「2DK」や「団地族」といったコトバに象徴されるように、市民の間で大いに話題になったのだ。

さらには、近年、都市居住の若者にとって、時間経過したUR住宅の

団地空間が大都市の経済発展の遺産として、ノスタルジックに見学し記録・発信する、"団地萌え"（注3）の対象にもなっている。

　現代都市社会は市民の意思や生活時間とは無関係にどんどん変化・変貌していくように感じられる。ところが、若者にとって何か懐かしさを感じられるのが、UR住宅の団地空間である。URの住戸、住棟、そして施設や屋外空間には、近年デザインされ建設・供給された集合住宅や建築物にはない「あたたかさ」「人間くささ」「古びたよさ」「本物らしさ」……といった「何かしらの豊かさ」があるのでは、と感じている。それを写真に撮り、短いコメントを付けて、ブログやHPに掲載し発信するという行動もみられる。"オフ会"も開かれ、見知らぬ人同士でも盛り上がる。若年層の関心の矛先やもち方には大いに興味がもたれる。

　以上のように、UR住宅だけでなく、公営、公社住宅などの住宅や団地空間での暮らしぶりやコミュニティの実態をみて、学者、文化人、専門家、芸術家などから、評論や文化・芸術関係の創作といった活動が盛んである。これらのなかで、事例の一部をあげてみよう。

　文芸の対象として、

....

●**映画・テレビなど**

映画・ビデオ……「わたしは二歳」「下町の太陽」「クロユリ団地」「団地妻」「喜劇　駅前団地」「大市民」「団地への招待」など

テレビ……NHK「プロジェクトX　妻へ贈ったダイニング」、TBS「団地殺人事件シリーズ」、その他数多くのTVドラマの舞台として

アニメ・漫画……「童夢」「団地ともお」「耳をすませば」「平成狸合戦ぽんぽこ」など

●**文学・評論など**

原武史「滝山コミューン1974」「団地の空間政治学」、重松清「たんぽぽ団地」、原武史・重松清「団地の時代」、ヒキタクニオ「原宿団地物語」、滝いく子「団

地ママ奮戦記」、長野まゆみ「団地で暮らそう」、ばんひろこ・長谷川知子「団地ぜんぶがぼくのいえ」など

　各種アートは団地暮らしを豊かにする。URの団地空間には何らかのアートが取り入れられている。その多くは、居住者に文化を享受してもらうべく、地域にちなんだオブジェの設置、住棟の壁に絵をかく、あるいは著名なアーティストに依頼するなどして、多様なアートを導入してきた。

　民間の賃貸住宅や分譲マンションではお目にかかれない、UR住宅団地での公共性の発露であろう。

● アートのある団地
　茨城県取手市にある「取手井野団地」で、市民、東京芸大そして取手市の三者による共同事業として「取手アートプロジェクト」が発足。2011年には当団地のショッピングセンターの空き店舗を活用して、「コミュニティカフェ」がオープン。プロジェクトの拠点となっている。

次に、出版による団地の紹介をしよう。

青木俊也『再現・昭和30年代団地2DKの暮らし』『僕たちの大好きな団地』
大山顕『団地の見究』
照井啓太『団地の子どもたち』
志岐祐一他『世界一美しい団地図鑑』
大山顕・佐藤大・速水健朗『団地団　ベランダから見渡す映画論』
東京R不動産『団地に住もう！』
アトリエコチ『団地リノベ暮らし』
東京R不動産＋UR都市機構『団地を楽しむ教科書 暮らしと。』
新建築社　新建築2014年7月別冊『団地のゆるさが都市を変える』など

Chapter 3 UR住宅のデザイン文化

このような団地外から、様々な論評や文芸活動が行われ、マスメディアにより活発にピックアップされ、最近ではネット上でも多様に発信・展開されてきている。なぜであろうか。

まずは、戦後日本の民主化や高度経済成長期のなか、日本の新たな大都市社会を実現させるという、大きなムーブメントがあった。その都市社会の具体的な事例として、それまでにない集住形態のUR住宅と団地が取り上げられた。住宅と団地空間だけでなく、そこに居住する家族も戦後の新たなライフスタイルをもった「核家族」であったことに興味・関心がもたれ、大きな話題となった。

そして、次にはURにも公的セクターとして、"活気"もあり様々な"ゆとりや遊び"の部分があった。デザイン部門で言えば、「日本の大都市圏での都市住宅のモデル」を創り、かつ「安心・安全・快適」の団地空間を実現するという、デザイン担当の"心意気"があった。そして、それに対して居住者が団地での暮らしを通じてデザインされた住宅と団地空間の良さを積極的に受け止めた。足りないところは要求を出して、自治会や住民の運動で実現させてきた。加えて団地での文化活動も盛んであった。このような変遷のなかで、団地居住におけるデザイン文化が形成されてきた。

つまり、新しい集住形態の「団地と暮らし」を創ったUR住宅や団地空間に、世間の目が注がれた。それらをマスコミ・文化人・芸術家・学者などが、戦前にはない未来志向の、新たな都市居住文化、団地文化、都市社会の新たな現象として注目し、論評・発信してきたというわけだ。

② UR住宅60年のデザイン創造

前節では、UR住宅デザイン文化への社会的な評価について述べた。その対象となった、60年にわたって創られてきている「UR住宅デザイ

ン」については、膨大な質と量の内容を有している。本書では、part 2
とpart 3で詳述するが、"前捌き"としてこの節で整理しておきたい。

「(1)「マスハウジング期」のデザイン創造」においては、ほぼ前半
30年にわたり、URが創ってきた日本の都市住宅デザインについて、そ
の構成項目ごとに重点的に概観しその重要性を考えたい（さらなる詳細
については、part2　chapter4、5、6で述べる）。ついで「(2)「建て
替え期」のデザイン課題の取り組み」では、前半の「マスハウジング期」
でのデザイン形成を継承・展開しながら、1980年代後半以降の「建て
替え期」30年間で取り組まれた、主要なデザイン課題である3点（高齢
者居住、環境共生住宅、震災復興支援）を振り返る（これらに関しても、
近年の動向に関しては、part3 chapter7で詳しく述べる）。

1 「マスハウジング期」のデザイン創造

①卓越した団地空間

●具現化された豊かな団地空間

URは住宅と団地空間に関する社会や時代の要請を受けながら、住宅
や施設の配置や住棟・住戸の計画・設計の厳しい基準や要領等を整備
した。これらをもとに、全国のデザイン関係の技術系職員集団により、
ヒューマンな住棟や施設の配置及び低容積率による自然を大事にした、
豊かな屋外空間が提起され実施されてきた。

例えば、多様な住棟を活用した住棟の配置も「4時間日照」を確保し、
また、ニュータウンや大規模団地の場合には、「近隣住区理論」に基づき、
住棟・施設の配置が設計された。これらについては欧米の計画理論や実
例を調査研究し日本の都市生活をよく観察することで導かれた理論であ
る。時代が下るに従い容積率も高くなってきているが、前半「マスハウ
ジング期」の頃に関しては、住棟は中層階段室中心で、ゆったりした配
置計画であった（容積率にして50%程度。1住戸あたりの用地面積はお

およそ100㎡もあった)。

● 景観形成への評価も高い

上述の団地空間デザインの一部でもあるが、多くのUR住宅団地においては景観(ランドスケープ)形成への配慮も行われている(chapter4 –1–7)。

特に初期の創生期においては、景観的に優れている(いた)UR住宅の中層団地は数多い。

しかし、残念ながらこれらの団地の多くは建て替えが進み、景観も大きく変容した。団地内の道路や緑地・公園などのインフラや樹木などが残っている程度になっている。かつての中低層団地の優れた景観イメージは伺えない。

景観的に優れている(いた)団地の事例を一部紹介しておこう(高層・低層含め、著者の勝手な判断。すべて建て替え前の団地名)。

武蔵野市「武蔵野緑町」　　　　　日野市「多摩平」
東久留米・西東京市「ひばりが丘」　神戸市東灘区「御影」
東京都北区「赤羽台」　　　　　　船橋市「高根台」
松戸市「常盤平」　　　　　　　　枚方市「香里団地」
堺市南区「泉北竹城台1、2」など

また、高層団地もあげるとすれば、

東京都中央区「晴海」　大阪市西区「西長堀」　芦屋市「芦屋浜」　など

そして、低層団地ではどうしても分譲住宅になるが、景観面でも定評のある団地として知られているのが次のとおりである。

東京都杉並区「阿佐ヶ谷」　　東京都多摩市「タウンハウス諏訪」
京都市「北大路高野」　など

●自然環境を残す

特にURの初期時代では、積極的に自然の地形や緑地・樹木そして池や川なども極力残すようなデザインが重視された。このことで、団地内外の敷地がかつて有していた自然環境は開発により破壊されるが、可能な限り残されまた修景された。このあたりは、大規模ニュータウンの「多摩」「高蔵寺」「千里」「泉北」といった各ニュータウン内でのUR住宅団地をみると判りやすい。

②住棟・住戸のデザイン

●耐震性・耐久性の高い住棟群

URには戸建てから超高層までの多様な住棟メニューのラインアップがある。また、その住棟群においては阪神・淡路大震災でも証明されたが耐震性の高い構造をもっている。これらは、建設省や構造関係の研究者・専門家やGコンや部材・部品メーカーなど、建築や住宅構造関係者との協働で作成されたレベルの高い構造基準や設計・施工の要領や工事の仕様書などを抜きにしては考えられない。

この阪神・淡路大震災時の損壊をみても、除却されたUR住宅は5団地5棟のみであった（兵庫県内で、1994年には70団地、1300棟、約46000戸が供給されていた）。これは元来、構造設計において、建築基準法や建築学会基準に比べ、より厳しいUR独自の基準を採用してきたことによるところが大きいと思われる。また耐久性では、60年以上はもちろん、建設当初の設計・施工そして完成後の保全がよければ100年もつ（参考文献10）。

●住戸の可能性を徹底追求

多種多様な住棟が設計されることで、多彩な住戸平面が生まれる。

設計の要領や指針により厳格な基準を遵守し、標準設計によって数多くの住戸平面を用意し、快適かつ多様な住戸平面を実現させた。そして、時代が下るにつれて、需要が多様化、高度化し、標準設計では対応できなくなり、個別の団地ごとの住戸設計方針に移行した。都市市民のUR住宅への地域ごとの需要動向や暮らしに対応した住戸平面も創られた。構想レベルにとどまった住戸平面も多いが、集合住宅として考えられる住戸平面はすべて考えられたといってもよいくらいである。

●住戸設備のイノベーション

住戸内でのキッチン、浴室、トイレ、洗面・洗濯といった水まわり設備も、60年間で大きく発展・展開してきている。"革命的"前進があったといってもいいだろう。UR住宅居住者も日々の暮らしは、楽に・便利にそして快適になってきている。住戸設備関係はchapter6で述べるが、URは居住者や市民の要求に沿いながら、また民間企業の研究開発、技術革新の成果も取り入れてきた。

③調査研究と技術開発

●基礎的な調査研究の実施

URの初代総裁、加納久朗は民間出身である。豪放磊落でこだわりのない人物であったようだが、この加納の言として、「調査研究は大事です。欧米でも企業はどれだけ研究費を支出しているかということが信用の尺度になっているのですよ。予算が足りなかったら言ってください」と部下に檄を飛ばしたという。この精神は60年後の今、時代が変わり消えてしまったようだ。しかしながら、かつてURでの調査研究の展開が、UR事業に直接・間接に役立っただけでなく、UR外における「住まいとまちづくり」に関する基礎的な調査や研究の推進・発展に大きな役割を

果たしたことは間違いない。

　加納総裁の思いは今でも重要な意味がある。

　さて、URでは、ほぼ60年間にわたり膨大な調査研究が実施されたこともデザインの向上に貢献している。もしくは、デザインを向上・展開させるために、多くの建築家・専門家・研究者・関係者との協働で、戦前にはなかった都市住宅における新たな多様なテーマについての基礎的な調査研究に取り組んだ。

　戦後、都市へ人口が集中し核家族化が進み、都市での暮らしは大きく変わった。これらの多様な市民や居住者の暮らしの変化をURとしてどのように受け止め、住宅のデザインに取り入れるべきか。URはこの変容を住宅や団地空間にいかように反映させデザインすべきか悩み、UR内外で調査し研究し、実験、実証を重ねていったわけである。

　しかしながら、住宅建設が縮小し、建て替えが主になってくるに従い、調査研究も減り続けた。結果、現在では基礎的な調査研究はほとんどない。ところが一方では、都市市民やUR団地居住の家族が大きく変容し、年齢や所得の階層も変わり、その暮らしは複雑になり、ライフスタイルも個別化している。居住福祉の課題も多い。居住を取り巻く問題、解決すべき課題は山積している。これらを科学的に分析し、URデザインチームとして、どのように具体化していくべきか、問われている。この問いをクリアしていかない限り、真の意味で新たなデザインの展開はない。

　URは60年間、住宅・団地・都市計画に関する調査研究やデザインに関する日本の「メッカ」であったといってもよかろう。述べたように、近年は調査研究費が極めて少ない。大学の研究室や公的研究機関などからは、「残念だ」の声が聞こえる。こんな時であればこそ、URでも必要な調査研究費を確保すべきであろう。日本の都市住宅の今後を創っていこうという立場を堅持する限り、基礎的・持続的な調査や研究は不可欠

である。

●施工技術、部品・部材の研究開発と実施

この60年間、URがイニシアティブをもって、関係機関との協働でハード面での研究開発が取り組まれた。構造設計・材料や構法・施工面では、研究所、大学、民間のゼネコンなどと共同で技術開発し技術面で大いに進歩した。また、URの要請に基づき、民間の部品・部材、建材や設備関連の数多くのメーカーが研究開発し、製品化されていった。大量の住宅建設を担うURと仕事を増やしたいとの意欲をもっていた住宅の建設産業界との「ウィンウィン」の関係にあったわけだ。

これらのトータルな結果として、今日見られるような住棟・住戸やその内装・設備のハイレベルの技術的到達点がある。

■2 「建て替え期」のデザイン課題の取り組み

1986年以降30年間の「建て替え期」におけるUR住宅デザインについては、それ以前の「マスハウジング期」において蓄積された、多様な企画・調査・研究、計画・設計、技術開発等の分厚い成果をふまえ継承してきた。

しかしながら、それらのストックは時の経過と共に減少・縮小し、また、残念ながら新たな企画・技術などのデザインに関わる"新機軸"は大幅に減り、多様性もなくなっている。いわば、豊富な貯金を食いつぶしてきたのだ。複雑で多様な課題を有するUR住宅と団地であり、URにおいて今後その再生を実施するに当たっては、関連の調査研究を積み上げることが求められている。その上に立って、新たなデザインのあり方を考え、実践し結果として良好なストックを増やさなければならない。

「建て替え期」のデザインの基調としては、「マスハウジング期」の住宅と団地空間の個別要素的な技術の集積もふまえながら、近年において

はソフト技術に重点がおかれてきている（chapter 7-2）。

　もちろん、個別要素的デザインもないわけではない。

　技術面では、例えば、「SI住宅（スケルトンインフィル住宅。躯体は超長期に使い続け、住戸内部の造作・設備などは必要に応じて更新していくという、"長もち住宅"のシステム）」「長寿社会対応設計」などがある。そして建て替え面では、これまで実践してきたのが住宅・団地の諸技術である。また、この時期での管理部門で行われてきた大規模な耐震改修や「昭和40年代建設住宅」に対しての改善・改修の技術も重要だ（chapter 5-2）。

　ソフト技術面でいえば、高齢者居住・子育て支援、環境共生、震災復興のトライアルや取り組みなどである。さらに、ごく近年になると、介護・医療・福祉の地域連携、各種民間事業者とのタイアップ、居住者参加、UR職員の創意を生かすといったリフォーム（一部リノベーション）も多様に実施されてきている。ただ、これらすべてがUR内外での調査や研究に基づいた時間をかけての検討の後の実施でなく、"コストカット"を最大目標におくか、もしくは「利潤追求型」の民間委託の展開であることは、いただけない。

　以下、今後とも重要な課題である、高齢者居住、環境共生住宅、震災復興の3点について、振り返ってみたい。

①高齢者居住は重要課題

　URの高齢者居住への取り組みは早かった。

　日本で高齢化率が7％を超えた1970年ころから調査研究が行われ、当時にしては床面積の広い「老人住宅」（1972年、4寝室型）や親子二世帯向けの「ペア住宅」という形で建設・供給された。高齢者の問題はまだ全くといっていいほど注目されていない時期であったが、"先物好

み"のマスコミ等からは注目を浴びた。

　以降、年月が経ち1986年には国により「地域高齢者住宅計画」が策定され、1987年にはシルバーハウジング制度が始まり、LSA（生活援助員）を配置する等先駆的な取り組みが試みられた。UR住宅にも、「シニア住宅制度」（1990年）、「長寿社会対応設計指針」（1995年）、「高優賃制度」（1998年）などが適用され、この面でもURは先進的であった。ところが、介護保険制度がスタートした2000年頃以降は、公的住宅政策削減の流れが強くなってきた背景下で、URの民営化も徐々に進んできた。高齢者居住関連の公的政策も後退し、一方では、UR住宅や団地空間にも民間の事業者が大きく進出し、そして現在では、公的な高齢者向け住宅諸制度も消えつつある。

　一方、屋外空間に関しても高齢者の増加とともに、その暮らしに合わせた設計や再生へと変化してきた。住棟入り口の階段のわきにスロープを付置したり、屋外通路などに各種のバリアフリーをしつらえ、高齢者用のベンチやゲートボール場も整備された。また、UR団地には、団地居住者・自治会の集会やコミュニティ活動の場として、狭いながらも必ず「集会所」が開設されている。過去積極的に利活用されてきたとは言いがたいが、集会所の意義は大きい。この集会所とは別に、その一角や隣接するなどして、高齢者向けの集会所（E・ラウンジ）として、高齢者へのサービスを展開してきた。

②環境共生住宅への居住者参加

　言うに及ばず、人の暮らしと環境との共生は重要な課題である。

　日本での「環境共生住宅」（地球や周辺の環境に配慮しつつも、快適な暮らしを実現する住宅や住環境）の取り組みは、1990年ごろから始まっており、すでに四半世紀と結構時間が経っている（1990年の国による「環境共生住宅」提唱、1992年の「リオデジャネイロ宣言」、実践

事例として1992年大阪ガスによる「NEXT21」等）。

　まず、「環境共生住宅」とは何か、確認したい。「環境共生住宅推進協議会」では次の3点で定義されている。

1. 地球環境にやさしい家づくり（環境へのロー・インパクト）
2. 周りの環境と親しむ住まい方（環境とのハイ・コンタクト）
3. 健康で快適な住まい（ヘルス＆アメニティ）

　この3点に沿って、官民ともに多種多彩な取り組みがなされてきているし、現在も取り組まれている。

　例えば、上記の協議会の参加メンバー会社によるテレビでの戸建て住宅やマンションの販売宣伝でもセールストークのキーワードの一つとして、使われている。しかしながら、当の会社等のPRや商品の押し出しには「環境共生」に力を入れても、民間である限り利益とのバランスもあり限界がある。また、一方の住宅需要者側、特に実際に生活している居住者にとって、本当にそれを重要視しているかというと、必ずしもそうではないように思える。

　国の環境共生住宅政策もあって、URは住宅に関する環境共生設計面では先駆的に進めてきた。デザインに関しても相当本気で取り組んできた。これまでURが広範囲にわたって実施してきた様々な取り組みのストックには大きいものがある（Chapter8　参考文献1）。例えば、「ハートアイランド新田1〜3番街」（東京都足立区）は「環境共生住宅」の認定（「建築環境・省エネ機構」による）を受けた。少し古いが多摩ニュータウンの「長峰杜のまち」にしても、環境共生設計面でがんばった。建て替え事業でも、例えば、既存樹木を保存・再利用し活用している。コンクリートの「がら」も工作物に再利用している。

　ところが、近年では、「いかにコスト（原価）をダウンさせるか」が

大きな課題であるURにとって、環境共生は"金食い虫"であり、かつ家賃の高額化には寄与しない。「環境共生などやりたくない」ということが本音となっているのではなかろうか。しかし、公的立場としてのアピール力は未だにもっており、極めて限定的ではあるが、URの技術系職員を中心に努力もなされていることには、"ほっと"する。

　一方居住者側からの認識はどうか。

　居住者にどれほど周知されているのか、居住者がその意味をどれだけ理解しているのか、まして、そのしかけを活用しているのかということになると、"お寒い"状態ではなかろうか。URはせっかく先進的取り組みを長期間にわたって実施してきた。今でも、URのHPには、環境共生住宅の実績を取り上げ、PRされている。

　確かに、URには民間、公共含めて他の追随を許さない質・量の実績がある。しかし、各種の環境共生項目が実施された団地の現場を訪れてみると、がっかりする。居住者に受け入れられて、UR住宅での暮らしに生かされているとは思いにくいのだ。UR居住者やUR住宅ファン層が環境共生住宅をもっと理解し認識を深め、できれば多様な実践をURと共に進めていくことが求められる。

　この点で言うと、URには、もっと広報宣伝、学習そして居住者参加の環境共生住宅を育てるムーブメントを率先して作り出すことが求められている。このようなことを通じて、UR住宅における環境共生の取り組みが、"ほんまもん"になり、デザイン文化の一環として定着していくものと考える。

③被災者目線の震災復興支援

　阪神・淡路大震災（1995年）の復旧もそうだが復興過程でのURの活躍は大きかった。

「震災復興本部」を立ち上げ、当時のUR九州支社並みの組織体制で復興に臨んだ。そしてマスハウジング期の再来かと思われるほどの、大規模用地に大量の復興公営住宅やUR住宅を極めて速いスピードで建設した。ここでも、すばやく多くの住宅を建設し、神戸市などの自治体からは大いに歓迎された。ただ、被災した市民などの意向を十分に汲み取り、住宅建設や街づくりに反映させられたか、というと問題は残る。

さらには、2011年の東日本大震災復興でも引き続き活躍している。

現在、盛岡市と仙台市に復興支援本部を置き、URの「一支社」以上の総計400人体制での対応である。また、震災復興の市街地整備22地区と災害復興公営住宅の建設を75地区（約5000戸）で実施している（URのHP）。

東日本での震災復興にURが参加し、これまでのまちづくり、住宅建設のノウハウを提供することは、大賛成だ。ただ、東北の広範囲にわたった被災地の被災者のこれまでの暮らしや生業、環境の文化や伝統・習慣などをよく調査・分析し、被災者目線で被災者の要求を十分聞き、生活、地域に根ざした復興の事業や住宅建設がなされているか、が一番問われるところであろう。

阪神・淡路大震災での復興住宅建設では、阪神間山側の既開発地と海側の被災地から離れた敷地に高層・高密の公営・UR住宅が作られた。また、被災地・被災者の暮らしや意向を聞かずに強引に進められた経緯もある。このことが、その後の復興災害である孤独死やコミュニティの崩壊などを招く結果になった反省を十分にふまえることが肝心である。

③ UR住宅デザイン文化の到達点

URは過去60年間、具体的には「part2　UR住宅デザイン文化60年のストック」で述べるように、住宅や団地空間のデザインを通して「安

全・安心・快適」の暮らしが可能なように努力してきたことは間違いない。

　一方、居住者も同期間で、住宅や団地空間で家族を基礎単位として、より「安全・安心・快適」の暮らしを目指し続け、様々な活動を展開し、団地での都市的ライフスタイルを形成してきた。また、団地内においては、諸団体や自治会とともに、これも多様な居住環境改善や住民運動などの実践もあった。その結果として、その団地での独自のコミュニティが形成されてきた。このような、URの住宅デザインと居住者の暮らし向上の諸活動が相まって、デザイン文化が創られてきた。

　本節では、そのデザイン文化形成のポイントとして、各住戸に居住する家族の「ライフスタイル」、及び団地全体での居住者・諸団体・自治会による「コミュニティ形成」について、これまで、chapter1から述べてきたことをふまえて、それらの到達点を確認しながら、「part3 UR住宅再生デザイン文化」につなげたい。

①ライフスタイルの定着と展開

　何千年もの間、日本人は低層木造住宅に住み続け、住み慣れ、住みこなし、住み継いできた。

　その日本人が戦後、大都市圏への人口集中に伴い、本格的に"積層タイプ"の集合住宅に集住するという住様式を獲得した。現時点では、西欧諸国のような"住みこなし"という点では気になる部分もあるものの、次第に定着をみせてきている。そこでの暮らしの革新については、chapter2で述べた。

　つまり、住戸内での住まい方全般の洋風と和風、起居様式（イスザとユカザ）、入浴様式（洋式と和式）、履床様式（上下足の分離か不分離）等である。特徴的なことは、明治維新以来、西欧のライフスタイルが急

速に流入し、日本人の暮らしを変え、同時に居住空間も変えた。大きな流れは「洋風化」であるが、「入浴様式」と「履床様式」に関しては、今でも頑固に和風が優位に継承されている。また、洋風空間である公室「L」空間での行動様式は、洋風生活が必ずしも定着しているわけではない。ユカザでの「電気炬燵」を使ったり、フローリングに部分敷の畳やカーペットを活用したりして"ゴロンと横になる"行動もあるといった具合だ。

　URはこのような住戸内での暮らし方をつぶさに見て、調査・研究し、前節でみてきたように、デザインに生かして居住空間を提案した。そして、提起した空間での実際の暮らしを調査し、改善し再度デザイン提案を行ってきた。つまり、デザインされた住戸空間とそこでの暮らしの相互関係で、新たなライフスタイルが形成されていったわけである。

　地方から都市に来住した、若年・ホワイトカラー・核家族の居住者集団が、同じ型の住宅に一斉に入居し、暮らし始めた。当然、同じような生活様式になり、団地の文化が形成されていった。端的に言えば、UR住宅「団地」の「2DK」に「団地族」が住み、独自のデザイン文化を形成していったということである。

　ところが年月が経過し社会も変化し、居住者の所得・年齢層や家族形態が様変わりした。

　上述の若年の居住者集団が同じように齢を重ね、高齢者集団になっていく。この高齢者集団に加えて、新たな高齢者も流入する。居心地も悪くなく、このままずっと暮らしたいということで、一層の高齢化と滞留そして低所得化が進んでいった。大都市圏での古いUR住宅団地ではむしろ一般住宅地以上に高齢者数の割合が高い状態にある。今後は、団地に居住している高齢者のライフスタイルをどのように考え、高齢者にとっての「安全・安心・快適」の住戸と団地空間として再生していくべ

きかが、最大課題である。

　同時に、UR住宅団地には低所得層、若年層、そして様々な居住弱者も居住している。したがって、若年家族層や障がい者・母子家庭などの居住弱者層にとっても同じように、住み続け、さらには「住み継いで」いくにはどうすればいいのか、問われている。

　このような団地での居住実態からすると、必然的に福祉政策の強化が不可欠になってくる。

　ところが、北欧などに比すと、周知のように現下の居住福祉政策は遅れている。むしろ、近年は「公」から「民」へと逆行状態にあり、「すべて個々人の責任で対応せよ」という施策方向である。かつての「マスハウジング期」のようにはいかない。では、どのように展開していけばいいのか。

　URは、具体の施策と居住者側からの暮らしに根付いた提案を行える場を創り、粘り強く議論を継続し、そこでまとまった結果を実践していくことが大事ではなかろうか。このような議論と多様な実践をふまえて、「マスハウジング期」や「建て替え期」の次の第3のステージでは、これまでとは違った、団地再生における居住者のライフスタイルが形成されていくものと思われる。

②団地コミュニティの形成と今後

　URによってデザインされた住宅と団地空間に関して、入居当初は多くの団地、とりわけ大規模団地では、突貫工事による生活環境未整備などの様々な問題を有している場合が多かった。

　そこで、居住者からの居住環境改善の運動が起こった。具体的には、保育所、バスの便、買い物の場所、などの整備が不十分であり、それを居住者、特に主婦が集まって、URや自治体あるいは関連企業に整備を陳情した。その過程で住民の運動も進み、自治会も結成されていった。

UR住宅団地には意識の高い居住者が多かったことも影響している。このような居住者・自治会の活動は、戦後の民主化を背景に大量の住宅と団地が供給されたUR住宅で特に盛んであった。

これらをきっかけとして、団地でのコミュニティも形成されていった。

当時は、学者・文化人なども多数住んでいて彼らが活動することで、居住者の文化運動も進みコミュニティ形成に寄与した。例えば、大阪都市圏の枚方市「香里団地」では、故多田道太郎、故藤本義一、浜村淳などが住み、東京都市圏の西東京市と東久留米市にまたがる「ひばりが丘」では多くの著名な政治家も住んでいた。彼らが団地の保育所やバス・鉄道などの生活環境整備に署名運動や行政への陳情なども行い、実現したものも多かった。

団地自治会などによる活動も盛んになっていった。

大阪「金岡団地」での家賃問題などに端を発し自治会が結成され、UR住宅と団地の管理に関する諸問題についての要求実現の運動体として発展していった。そのなかで、各団地自治会から各地域自治協へ、そして全国へと広がり、1974年に全国自治協が結成された。その他、近年、より活発化しているが、各団地で居住者の生活向上、居住環境整備推進などの住民運動、ボランティア・NPOによる活動も多種多様に行われている。

このような動きは、団地での暮らしを良くする方向への運動に転化し、各団地でのデザイン文化を形成するパワーとなっていった。

居住者の団地コミュニティ形成という面からは、「マスハウジング期」と「建て替え期」とでの大きな違いはない。

しかし、コミュニティの寸断という意味では「建て替え期」のすべての建て替え事業において、従前の居住者が「団地からの退去」と「建て替え後住宅への戻り入居」に分けられ、新たに「建て替え後のUR住宅」

「民間のマンション、戸建て住宅」への入居と、居住者がバラバラになってしまった。長い間の年月を使って創られた人的関係やコミュニティが寸断され"ゼロ"に戻った。近年、URの団地再生は建て替えはやらずに「集約」に向かっている（chapter 7）。この方策でも同じような寸断問題が発生する。一方、居住者の方はというと、高齢者などの居住弱者は声を上げないし立ち上がりにくい、若年層は日々の仕事の忙しさや家庭の諸事情で、取り組めない。コミュニティの再建・再興には、多くの年月が必要となる。

このように、「建て替え」や「集約」によると過去30年、40年という長期間にわたって形成されてきたコミュニティが、一気に瓦解する。経済価値、金銭価値では測れない、極めて大きな社会的価値の損失、社会的資産の喪失である。このことは、居住者・UR・行政のみならず、団地の再生・コミュニティに関連・関心のある、専門家、研究者、市民等に提起されている重要な問題であると考える。

このようなことから、「建て替え期」のデザイン文化の形成という点では、退行した面もある。

しかしながら、建て替えにおいても、団地の自治会がURと自治体とも協働して、建て替えは阻止できなかったものの、居住者の参加を実現した事例もある。結果多くの従前居住者の継続的居住が実現し、それが、新たな団地のコミュニティを創り、再生デザイン文化につながっていくであろう（参考文献8）。

そして、これらのコミュニティ活動は、全国的にみて、多様に展開されつつある。

例えば、近年、全国各地のUR団地で、再生とは無関係に「団地でコミュニティを創ろう」「高齢者の居場所を創ろう」「子どもにふる里を創ろう」「団地で楽しくイベントをやろう」「みんなで団地に住み続けよう」

「地域通貨で困っている人をお互いサポートしよう」等々……、「団地」という一つのまとまった居住地あるいは暮らしの空間をベースにした、コミュニティ形成の文化活動が芽生え、展開してきつつある。今後とも、発展・拡大していくものと思われる。

（注1）ベルリンの世界文化遺産集合住宅群──住宅の文化的価値

2008年、世界文化遺産としてドイツ・ベルリンにある6群のモダニズム集合住宅が登録された。そのうちの5群が、1920年～30年代のワイマール共和国時代の建築で、当時のブルーノ・タウトを始めとした代表的な建築家によって設計されたものである。当時の低所得者層への居住環境改善政策が背景にあり、衛生的で快適な居住性も評価されたという。しかも低家賃で賃貸されたことも意義が大きく、再生や管理への居住者参加も行われている。さらには、これらドイツ・ベルリンの世界文化遺産登録集合住宅のデザインは世界の集合住宅（日本の同潤会やURの集合住宅）にも影響を与えた点も評価されているという。

文化遺産に登録されたドイツの集合住宅を含め、同時代のものについては、連綿と80～90年と住み続けられ、"住み継がれ"てきて今に至っている。住棟外観は当時の姿形を残し、住要求が高度化・多様化するに応じてリニューアルされてきている。人間関係やコミュニティを形成する基本である都市集合住宅が世界文化遺産になったことは、意義深い。

（注2） モダニズム建築保存運動の国際組織である「DOCOMOMO日本支部」は、日本の建築物174を選定しており、その中には同潤会住宅の「青山アパートメント」と「大塚女子のアパートメントハウス」（いずれも2004年3月に解体）も含まれている。また、日本建築学会では、この二者の保存と再生を東京都の知事や住宅局長などに要請した（各々2000年、2001年）。

（注3）若者の「団地萌え」

戦後の高度経済成長期に大いに活躍したが、用が済んだらスクラップ化され"もて余されている"、もしくは、"けなげにも生き延びている"といった、かつての機械や化学関係の工場や装置、炭鉱、鉄塔、造船所、石油コンビナートなどになぜか若者を中心に多くの男女が訪れる。最近では2014年に世界文化遺産に登録された群馬県の「富岡製糸工場」の公開日には長蛇の列ができた。これらの日本の近代化に寄与し、戦後の高度経済成長を支えてきた装置系かつ重厚長大型の施設へのノスタルジーや「可愛さ」も含め多様な思いをもち、スマホやデジカメを持参し写真を撮りに行くといった趣味的活動である。これらの現象を「萌え」という表現で説明されている。

「団地萌え」という言葉が社会現象になり、はやりである。

古いURの賃貸団地が、若い人に人気なのである。かつて公団時代に設計された中層スター型住棟や給水塔が、若い人たちに男女を問わず、「かわいい」と映り人気がある。

"並んだ並んだ"の箱型中層階段室住棟群、そして木々が生い茂り、広い池や川のある屋外空間などを含めた団地空間をわざわざ遠くから、見学に訪れる。日照時間の確保から創り出された明快な中層住棟の並びや群、そして遊具・銘板なども古びて豊かになった屋外空間、ヒューマンスケールのコンクリート製のシンプルなスター型の住棟、シンボルマークの給水塔、などに若者の暖かい目が注がれる。民間賃貸住宅では、決してお目にかかれない社会現象になっている。何がいいのか。何がそんなに人をひきつけるのか……

また、UR住宅では団地再生の一環で、販売促進も兼ねて民間の家具屋・雑貨屋とのコラボレーション、カスタマイズ内装、リフォームのモダン化などの事業が進んでいるが、これも若者を一定ひきつけている（chapter7）。近年の都市住宅での各居住空間は狭いながらも設備や仕上げはリッチになり、便利にもなった。しかしなにか足りないものがある。そこをかつての、高度経済成長期のUR住宅、特に中層階段室型住宅で構成されている団地空間に求めて、「団地に住んでみたい」という若者が結構いるということだ。

参考文献

1）佐藤滋、高見澤邦郎他『同潤会のアパートメントとその時代』鹿島出版会、1998.7
2）（有）ユナイテッドデザイン『同潤会アパートメント写真集　Design of Doujyunkai』、2000.7
3）木下庸子、植田実『いえ　団地　まち──公団住宅 設計計画史』住まいの図書館出版局、2014.2
4）内田青蔵、志岐祐一『世界一美しい団地図鑑』エクスナレッジ、2012.7
5）大月敏雄『集合住宅の時間』王国社、2006.10
6）津端修一『高蔵寺ニュータウン夫婦物語』ミネルヴァ書房、1997.12
7）大山顕、佐藤大、速水健朗『団地団──ベランダから見渡す映画論』キネマ旬報社、2012.1
8）増永理彦編著『団地再生──公団住宅に住み続ける』クリエイツかもがわ、2008.9
9）増永理彦『UR団地の公的な再生と活用──高齢者と子育て居住支援をミッションに』クリエイツかもがわ、2012.11
10）増永理彦『マンション再生──二つの"老い"への挑戦』クリエイツかもがわ、2013.10
11）日本家政学会『家政学シリーズ21　生活文化論』朝倉書店、1991.4
12）同潤会江戸川アパートメント研究会『同潤会アパート生活史』住まいの図書館出版局、1998.5
13）住宅・都市整備公団つくば開発局／社団法人日本都市計画学会『文化は都市を刺激する』（上・下）、1995.12、1996.6

初めての公団住宅との出会い
（香里団地）

M.N.（女性）　居住期間：1960年〜1963年

　昭和30年代、今から55年ほど前の小学校5年生の時のことである。

　父の転勤に伴い、滋賀県大津市から大阪府枚方市へ転居。

　京阪沿線「枚方市駅」からバスに乗り換え10分あまり揺られた頃から、眼前の風景は一面田植え前の田畑ばかりに変わっていき、琵琶湖近くの町で1年過ごした私と母の不安感は増すばかりである。ところが、それから5分もたたないうちにいきなり目の前に現れた、おしゃれなコンクリート箱のマンション群にはまたまたびっくり。大津の古い町並みとはまったく違う、明るくて計算された建物や川や緑などの景観に不安感などどこかに吹き飛び、母と私はバスの中で"歓声"を上げたものである。

　私たちが入居したのはB地区の星形の5階住棟で、私たちの部屋は2DKの大津での戸建て住宅に比べると、かなり小さな間取りであった。しかし、入ってみると部屋はいずれも窓やテラスに面している。降り注ぐ暖かい日差しは、ナメクジなどに悩まされたじめじめと暗い生活から私たちを解放してくれた。また、よく考えられた間取りは台所・風呂・トイレへの動線も無駄がない。また押入れなどの収納場所も見かけによらず大きく、転勤族であまり荷物を多くもたないようにしていたことも幸いし、我が家には十分と言って良い広さであった。

　とはいえ、台所以外の和室二間のうち、一間が両親の居室、残る一間が箪笥や机などに囲まれ私がやっと寝るだけのスペース。父方の祖母が月に1週間ほど泊まりに来れば、私の寝る場所は押入れの中ということになる。しかし、それも小学5年生の私にとってはわくわくする遊び感覚で楽しいことの一つでもあった。

COLUMN

　述べたように、街全体が計画的に創られたため、病院や庶民的な市場に加え、おしゃれなスーパーマーケット「ピーコックストア」、その並びには喫茶店や食事処、美容室など生活に必要な施設がすべて小川に沿った形で存在し、団地の中だけで生活が完結できるユートピアであった。

　おそらく全国に先駆けてモデル団地としての役割を担っていたと思われ、小学校も他のそれまでの建て方とは異なりおしゃれな外観にテラスが各教室を一列につなぐ形態は、よく外部の方が見学に来られていた。そこに生活する私たち小学生も誇らしいものがあった。小学校の生徒たちはその土地の深い歴史をもつ地元の児童と、全国各地から集まった団地族の児童とで構成されていて、両者には微妙な距離感が生まれていたように思う。しかしそんな中でも、歴史の深さに憧れをもつ私たちと団地に引っ越してきた者たちへの憧れをもつ地元の子どもたちとが互いに刺激し合った。その後長きにわたり交友を深めて、今日までつながりを続けていることもうれしいことである。

　私が住んだ公団は、共通して棟と棟の間がかなりゆったりとってある。その利点は、前の棟からの視線を気にしなくて良いこと、風やお日様の恩恵を享受できることである。夏は窓やテラスのガラス戸を開け放しておくと涼しい風に暑さを忘れ、冬はガラス戸越しのお日様から温室のような暖かさをいただき、自然の恵みの中で冷暖房器具のお世話になることはなかった。

　公団特有の建て方由来の面白い経験を一つ……。

　台風の時には各棟との広い空間が強風から守ってくれないことを、伊勢湾台風の時に経験した。面白い経験と言うと不謹慎な、と思われそうだが……。

　前年の台風の時は窓から顔を出して、のんびり眺めていたのだが、伊勢湾台風の時は風の向きと強さが全く異なった。まだアルミサッシではなく木のサッシだったベランダのガラス戸がなんと部屋の中に向かって弓なりに“しなって”きたのである。新聞記者だった父は「こんな時にこそ」家にはいない。大概の出

来事には母と二人で乗り切っている私たちも、この時ばかりは大慌て。こんな時に頼りになるのが、日頃の母の「近所付き合い力」だ。その時も隣人のご主人が、ご自分の家はガラス戸に立てかけた畳をピアノで押さえた後、我が家に駆け込んでくれたのである。お陰で、ガラスも割れずに済み雨風から我が家を守ることができた。

　時代は変わり、昨今は団地に限らずどんどん近所付き合いが薄まっているようだが、その当時の香里団地は新しい街づくりを目指す意識の住民たちが多く、例えば母が近所の若い世帯に声かけをすることを拒まれる雰囲気はなかった。お陰で、一人っ子の私は、両隣りの若夫婦からとても大事にされ、母の留守には各家に呼ばれて遊んでもらっていた。当時珍しかった手作りのステレオで「カルメン」など途中で眠くなるような大作を聴かせてもらうなど、"美味しい"経験もさせてもらったことがとても懐かしい。

　わずか2年3か月の短い団地生活ではあったが、「ララミー牧場」のロバート・フラーや米元大統領の弟、R・ケネディの訪問などもあり、「フラフープ」「だっこちゃん」の遊びとともに忘れられない中身の濃い団地生活であった。

part 2
UR住宅デザイン文化
60年のストック

chapter 4 団地空間デザインと文化
chapter 5 多様な住戸・住棟のデザインと暮らし
chapter 6 水まわりのデザインと暮らしの革新

part 2　UR住宅デザイン文化60年のストック

chapter 4　団地空間デザインと文化

　UR住宅については、周知のように「マスハウジング期」のころまでは「標準設計」や「汎用設計」を多く使用していて、住戸型別にみると同じような住戸平面・住棟型が多い。しかし、それらが集まった団地空間については生活関連の施設も含め、立地、敷地の形状・面積も同じものは一つとしてない。そのデザインについても、同じものはない。

　この章では、1で、団地空間デザインについて述べる。
　団地空間全体を決定づける3つの物的構成要素は、住棟、生活関連施設、そして屋外空間である。URは団地ごとに、想定される家族の暮らし方や住宅需要特性などをとらえながら多様な住棟を駆使して、配置設計を行う。生活関連施設についても同様で、団地周辺部での施設立地等の実態、諸計画そして需要の動向などに配慮しながら、団地内施設の種類や規模、経営主体などを計画する。
　まず、これら住棟の配置の考え方や生活関連施設、駐車場などに関す

086

Chapter 4　団地空間デザインと文化

る計画や設計も含めて、UR住宅団地空間デザイン概要を述べる。屋外
空間については、人間にとって切っても切れない、深い関わりをもつ"水
と緑"と子どもの遊び場に関して、事例を交えて考えたい。最後に、「景
観デザイン傑作団地」について触れておきたい。

　このような作業を通じて、団地空間が自然に形成されてきた一般のま
ちや地域社会と異なり、企画・計画や設計の論理及び市民の快適な暮ら
しをどう実現させるべきか、といった思想に基づいてデザインされてい
ることを理解していただきたい（chapter6末の「年表」参照）。

　2では、団地空間デザイン文化の事例を紹介する。

　chapter3でも述べたが、URによってデザインされ、建設された住宅
と団地空間に多様な家族が入居し暮らしが始まり、次第にコミュニティ
が形成されていく。年月の経過とともに、団地空間とそこでの暮らしは
お互い影響しあいながら成熟し豊かになっていく。このようなプロセス
によって、少しずつデザイン文化が形成されていくわけであるが、その
実践事例として、大阪府高槻市「富田団地」での先駆的なコミュニティ・
文化活動を紹介する。

1　団地空間デザイン

1　団地空間の構成

　UR住宅の団地空間では、住戸と住棟、施設関係の建物と配置の設計
に関しては建築職が、そして屋外空間の水・緑、道路・歩行者路等に関
しては、土木や造園の設計担当者が設計する。全体構想に関しては建築
職の担当者がコーディネートするという、組織分担で進められてきた。
このような分担で創られてきた団地の空間の物的な構成はどうなってい
るのか、まず確認しておきたい。

087

part 2　UR住宅デザイン文化60年のストック

　当然ではあるが、団地では住棟・住戸があれば暮らせるものでなく、生活関連施設（下記❶〜❹）が必要で、規模が大きな団地ほど多種類施設の整備が欠かせない。また、都市内部の団地であれば、周辺の既存施設を利用できるが、都市周辺や郊外での団地になると、広範囲にわたり多種な施設の新設、整備、改修なども必要となる。

----

❶公共施設……団地内外にわたる、道路、公園、下水道・処理場、池・河川、
　　　　　　　鉄道・バスなど
❷公益施設……団地内外にわたる、電気、ガス、水道、電話・通信など
❸利便施設……団地内での市役所出張所、派出所、郵便局、銀行、図書館、
　　　　　　　医院、保育所、幼稚園、小・中・高校、飲食・販売店舗、
　　　　　　　集会所、駐車場、福祉施設関連など
❹環境施設……公園・緑地、広場、遊び場、小川・池、団地内通路・道路、
　　　　　　　ゴミ置場など

　これらは、居住者の日々の暮らしに共通して必要であり、暮らしを支える基本インフラである。団地が機能する限り継続的に保全や整備も不可欠だ。郊外での山野や田畑の土地利用を転用して開発する大規模団地やニュータウンなどの場合は、開発者独自で準備するか、もしくは国や自治体、公益・公共の事業体などと協働して整備しなければならない。
　主には団地居住者が利用する可能性の高い「❹環境施設」については常に開発者が主体的に計画・設計し整備する。また、「❸利便施設」に関しては、市役所、派出所・郵便局・銀行、図書館・保育所、教育施設・福祉施設関連は、団地外居住者・市民も利用することで、その整備はもともと自治体などの固有の仕事でもある。ただ、一時に大量の生活環境への需要が発生することから、開発者であるURと協働での整備となる。飲食・物販などの店舗や医院などのテナントについては、基本はUR側独自での誘致となる。「❶公共施設」「❷公益施設」に関しては、各々の

施設事業者が整備し、URが部分的に負担する。そして、❸、❹も含め、用地原価に上乗せされて、最終受益者である居住者や市民も一部負担することになる。

時代が動き、社会や経済状況が変わり、時間の経過と共に居住者の年齢や収入階層そしてライフスタイルが変わると、屋外の施設そのもののあり方もそれに合わせて変えなければならない。

2 配置設計の考え方

与えられた敷地に住棟（chapter5-3）や施設・工作物などを、合理的にどのように並べていくのか検討するのが配置設計である。デザインの団地設計分野でUR建築職の腕の見せ所であり醍醐味でもあった。ところが述べたように、初期の頃は多様な配置の"思想や哲学"も展開し、デザイナーとしてURの建築職が活躍した。しかし、時代と共に配置の条件が厳しくなり、与えられた敷地内に戸数をいかに多くどう詰めこむのか、駐車場をいかに多く設置させるかなど、が次第に重要視されるようになり、経営・販売の成否が、「腕の見せ所」になっていった。

それでも、この60年間の前半部分あたりでは、住棟配置はどう考えるべきか、UR内外で調査・研究され大いに議論もなされた。その結果として配置設計の蓄積があり、以下のような基本的な「型」に類型化され、実践されてきた（もちろん実際の配置設計は多様で、かつ団地のデザインコンセプトや立地や規模そして建設時期により異なる）。

①南面平行配置

全国のUR団地で事例も多く、もっともポピュラーでよく見られる住棟配置。

日本人には、住戸を南に向け、布団や洗濯物を太陽光に十分あてる、そして住戸内への日照を大事にするという国民性がある（次項「4時間

日照」参照)。これを背景にして、各住棟を南面(各住戸の公室を南側に配置)させ東西方向に平行配置させる考え方が一般的である。これには、バリエーションがあり、住棟をわずかに東西から南北方向

平行配置

に"振る"ことで、平行配置の単調さを破り住棟群の景観に変化を与えた。

この型の単調さを破るために、また居住者間のコミュニケーションを促進すべく、北側入り口の住棟と南から入る住棟を組み合わせて「NSペア」としたり、通り抜けできる住棟を配置したりなどの多様なバリエーションもある。さらには、住棟を水平方向にずらしたり敷地の高低さを活用して、垂直方向に段差を設けたりといった工夫もなされている。

ただ、どこの団地においてもこの平行配置だと「公平性」は認められるが、まるで「〈マッチ箱〉や〈ヨウカン〉を並べたような平凡で退屈な配置である」との指摘がよくなされた。また、団地が完成した後、住棟型が均一であるがゆえに、居住する子どもたちが、自分の住まいがわからなくなって"泣きべそをかく"ような事態も頻発し、マスコミにもよく取り上げられた。

②囲み型配置

そう多くはない配置の型であるが、すべての住棟を東西に配置する平行配置に対して、南北の住棟も同時に配置させている。緩やかに大き目の中庭を囲み、その空間でのコ

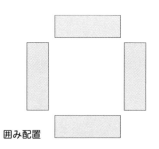

囲み配置

ミュニティ形成を狙った型。それを単位に、いくつか連続させることもある。ただ、居住者が設計の意図を正しく理解し、日頃の暮らしやコミュニティ形成面で生かされたかというと、疑問は残る。

これを基本にして、より狭い敷地にコンパクト化したのが次の「街区形成型」だ。

③街区形成型

中層の建築物群により街区がきちんと構成され、公的規制の強い都市計画も市民的合意が得られている、ヨーロッパ諸都市都心部に多く見られる型。中庭を設けて敷地を住棟で囲み、住棟を街路に面させ「街区」を形成する。この街区を形成するところが「囲み型」とは違なり、都市的町並みが形成される。日本の都心部は、戸建て

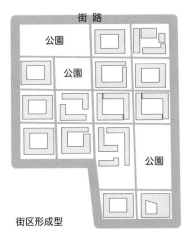

住宅も入り混じり、街路がきちんと形成されていないこともあって、ほとんどみられない。千葉市美浜区の「幕張ベイタウン」(1995年供給)で、試行的に実施され、意欲的な取り組みで著名でもあるが、普及はみられない。

3 4時間日照

「4時間日照」の基準は、公営や公社も含め、公的住宅では一般的であった(「住宅建設要覧──公営住宅の一団地建設のための設計資料」〈1953年〉)。

都心市街地における高層住宅等を除き、一般の中層団地では南北の隣

棟間隔として、冬至の1階住戸南面居室で4時間の日照を確保すべく、住棟階高の2倍程度をベースとした。このことにより、単に住戸の日照時間の確保だけでなく、隣棟間でのプライバシーの確保、通風・採光・眺めも保障できた。また、個別住戸の居住性能が守られるだけでなく必要な隣棟間隔をとることで、以下のように、団地全体の屋外空間の居住水準も確保できるという、積極的意味がある。

❶コミュニティ空間を創る
　遊び、祭り、イベント、スポーツ、自然と楽しむ等により、居住者間交流が生まれコミュニティ空間として機能する。歩行者路も整備できる。
❷防災や避難時に活用
　近年クローズアップされているが、災害時での避難広場・給水・トイレ、場合によれば仮設住宅の建設地等としても活用できる。
❸屋外諸施設用地の確保
　生活関連施設のうち、自転車置き場・駐車場、ゴミ置き場・貸し倉庫などの設置空間を提供する。
❹景観形成にも役立つ
　団地景観は住棟・施設群と屋外空間とで形成され、屋外空間の豊富さが即景観の質向上につながる。
❺「自然」を創る
　樹木草花の緑地・公園・子どもの遊び場及び池・小川などの水場を配置し、時間の経過も必要であるが「自然」を創ることができる。

以上の❶〜❺については、URの団地空間の良さを如実に表現し、民間の団地などと違って、経済的な価値や金銭には代えられない、生活空間の豊かさを生み出すことになった。公営、公社含めて公的な立場で団地空間デザインの方針を堅持したからこそできた。

また、URはこの「4時間日照」を頑固に確保することにより、団地

Chapter 4　団地空間デザインと文化

の容積率も低く抑えることが可能となり、結果、建て替え事業における
高層・高密化が実現でき、事業をうまく運ぶことができたのである。こ
れは、あまり語られていないが、大事なことだ。もし、URが60年前当
初から「4時間日照」にこだわらずに、近年のURや民間の住宅建設事
業のように法定の容積率目いっぱい、"ギリギリ"と住棟や生活関連の施
設を詰めこむことを基本にしていたら、以降の建て替え事業は決してう
まくいかなかったというか、できなかったことであろう。

　ところで、「建て替え期」に入るあたりからか、日照条件に代えられ
るだけの、例えば「利便性や周囲の環境などにメリットがあれば日照4
時間は必ずしも必要ではない」、というようなデザイン方針の転換があっ
た。「立地対応」つまり、立地や場所に対応して日照時間も柔軟に考え
るべきであるという方向に進んでいった経緯がある。背景には、団地空
間デザインに関しても、「経営重視」へのシフトがあった。

■ 4 　生活関連施設整備も不可欠

　団地に入居後、家族の暮らしを考えた時、生活関連施設の整備は不可
欠である。
　周辺で利用できなければ、団地内でURによって整備しなければなら
ないことになる。規模（団地の計画住宅戸数の多少）、立地（都心との
位置関係）、周辺の施設立地（市街地化の程度）などが決め手になる。
　最大限の生活関連施設の量と質を必要とするのは、郊外の大規模団地
やニュータウンであり、1960年代以降、全国の大都市で展開し拡大し
ていった。ニュータウン等で生活関連施設をどのように計画すればいい
のか、大学の研究者や公的な研究機関で調査研究が進んだ。外国の事例
や研究成果なども盛んに取り入れられた。ピックアップされたベースの
考え方の一つとして、例えば米国のC・ペリーによって提唱された「近

093

隣住区理論」がある。近隣住区理論（小学校区を一つの「住区」として、人口1万人程度を想定。2住区集まって中学校1つの「地区」を形成させるという計画の考え方）は、全国のニュータウンや大規模団地で導入され、実施された。集合住宅地の計画理論として、わかりやすくかつ説得力もあり、全国的に多用された。

　ただ、理論的には優れているが、米国と日本とでは事情が異なっていた。ニュータウンや大規模団地内で暮らす人たちみんながこれらの施設を活用してもらえれば、成立するという商圏や利用圏の設定であった。「利便施設」の中でも、保育園、小中学校等、利用圏が決められている施設はいいが、販売や飲食の店舗は客の自由選択である。時の経過と共に団地周辺に"コバンザメ"的に物販・飲食関連の諸施設の開設が進み、そこに自家用車を使ってのショッピングが盛んになった。団地内の「戸割り店舗」の営業もできなくなり、近隣センターなどが"シャッター通り"化という衰退現象が多くの団地でみられるようになった。この現象は全国の郊外型の大規模団地やニュータウン周辺各地で見られる。生活関連施設計画で、特に物販・飲食関係について、団地居住者がこれほど車を保有し、団地内だけでなく団地外周辺の店に買い物に行くという購買行動の予測ができなかったわけである。モータリゼーションのなせる業であった。

　UR住宅団地では、これら近隣センターの空き店舗・空き施設は、今や高齢者や子育て支援向けのデイサービスやケアステーションなど、福祉関連施設や保育所・キッズルームそして新たな健康・スポーツ系商業施設などに用途を転換しつつある。

5 モータリゼーションへの対応

　大都市でのモータリゼーションに伴い、団地内居住者のなかにも自家用車保有が増加して、駐車場の増設が必要とされた。UR住宅団地

の駐車場は、UR発足当初10年間ほどは"ゼロ"の設置率（戸当たり駐車台数の割合）であった。その後、モータリゼーションが進むにつれ、1965年〜1975年あたりでは10〜30%になり、1980年代には80〜100%に増えていった。

このようなことからに、増設しても「平面的駐車」では次第に足りなくなり、結果、外国には見られない「機械式（機械じかけで車を上下させて、収納させる）」や「自走式」の立体駐車場（大型商業店舗などにあるが、利用者が各駐車スペースまで運転していく2階建て以上の駐車場）も増えていった。いずれにしても、団地空間の敷地を大幅に使い、下手すると駐車場だらけになったりする。舗装された道路と駐車場が、緑と土を駆逐して、郊外でも"まちなか"の住宅地のような、自然の潤いや豊かさに乏しい団地空間になっていった。さらには、団地の高密化により一層駐車場が必要になってきて、それらの建蔽（敷地を建物類でどれだけ占められているか）により、子どもの遊び場も大幅に減り、屋外でのゆったりした暮らしが阻害されることにもなっていった。

敷地の地面をそのまま利用する平面駐車形式であると、URにとっては工事費も安く、居住者にしても駐車場使用料金も安い。使い勝手も良く評判がいい。ところが、必要とされる駐車場率が80%にもなると、平面形式では確保できない。勢い、立体か機械式の駐車場設置ということになる。住棟間ではなく、敷地の北側などに集中することで、利用者は自住戸からは遠くなり不便となる。結果、近くに不法駐車となり、他の居住者にも迷惑になる。

また、「マスハウジング期」の後半頃までは、団地内で、車と歩行者の動線は重ねないという「歩車分離」が基本的考え方であった。歩行者を優先し、交通事故を回避し、かつ住棟周辺を静穏に保つために、ということで歩車分離が方針であった。具体には、車の動線は団地周辺道路

から各住棟の階段室入り口までとし、歩行者動線は歩行者の専用道（緑道、ペデ）によって同じく住棟入り口に到達する。しかし動線は基本的に重ならないという原則で設計されたのだ。

しかし年月が経過し社会や時代が変わるにつれ、多くの議論と実践の後に、歩車分離ではなく、むしろ歩車が混合していてもいいではないか、ということになっていった。人と車の動線を重ねることで団地敷地の有効利用も可能である。このようなことから、当時すでにオランダなどで実施されていた"歩車共存"の「ボーンエルフ」（歩行者保護のために、車路部分にハンプを設置し、道路形状をクランク形として車の通行速度を落とさせる）と呼ばれる設計も部分的に取り込んだ。

ところが近年では、若者の"車離れ"の動きもあって、自分の車は所有せず、レンタカーを活用する暮らしも増えている。さらには、その延長で団地にもボツボツと民間のレンタカー会社を導入しての「カーシェアリング」も進みだしている。これは敷地と構築物・建築物を必要とする立体的な駐車場に代わって、車を共同利用しようという考えである。環境との共生という時代の動向にも合致しており、今後進展していく兆しがみられる。

6 豊富な屋外空間

①水と緑は大事

集合住宅の日常の暮らしにおいても、水槽に小魚・金魚を飼い、観葉植物や草花の手入れを行うなどにより水と緑に親しんでいる家庭は多い。屋外においても同じことが言える。ほとんどの人が、水や緑には親しみをもっており、接することで、眼に優しくかつ癒しにもなる。また、水と緑については、管理（茂りすぎ、水の事故などへの対応）や虫・動物嫌いを除けば、本質的に拒否する人は少ない。団地内外の微気象をコ

ントロールする意義もある。そして大事なことであるが、水と緑に関心
をもつことは"環境との共生"を考える第一歩でもある。

●水は命

成人の体は60％が水分であり、かつ太古の昔は海に住んでいた動物
から進化してきていることも「DNA」に刻まれているせいか、水との縁
は深い。

だからであろうか、子どもは水が大好きだ。怖いけれど、水遊びは大
好きである。URも団地の屋外設計で水は可能な限り、積極的にとりい
れてきている。川や池、噴水など、UR団地での水についても多様でか
つ豊かである。

そして、災害時にもっとも必要なものの一つが水であり、阪神・淡路
大震災以来20年間、UR団地においても様々な方法で水の備蓄が行われ
てきている。雨水の活用ということで、地下のタンクに貯留されている
団地もある。

②緑は環境資産

自然環境面で大きな位置を占めている緑も人にとって欠かすことがで
きない。

緑は、木陰をつくり、光と影や微妙な香りを提供し、目隠しにもなる。
また、緑があると、鳥が来て、虫が来て、花が咲き、実もなる。数え切
れない膨大な数と種類の生き物の連鎖がある。例え、生い茂りすぎると
いったようなマイナス面があったとしても団地での暮らしの上で、効果
は計り知れない。団地空間で、住戸・住棟や施設は経年的に劣化してい
くが、緑は成長する。自宅の自分の部屋に閉じこもり、ファミコン、ス
マホに熱中する近年の子どもたちへの重要な情操教育の機会にもなる。
住戸外に自然や緑があると、子どもは外に出やすい。この面でも、UR
団地の屋外空間は価値が高い。

part 2　UR住宅デザイン文化60年のストック

　URは、このような観点で、屋外の緑を設計してきた。

　また、建て替え時では、思い出の深い樹木は団地で暮らし成長してきた"証"として居住者からの存置要望が高い。URは居住者も参加し、みんなで歩き回り意見を聞いた上で、特に樹木については積極的に残している。建て替え自体は賛成できないが、屋外空間創りへの居住者参加として評価できる。

　さらには、新たに団地内に貸し農園、共同花壇などの整備も加えて、URと自治会・居住者間で維持管理の協定を結んだりしている事例もある。

事例　水の取り組み

①「平城第二団地」の小川

　「平城第二団地」（奈良市）は、奈良県と京都府の県境をまたいで開発された「平城・相楽ニュータウン」の奈良県側にある。ニュータウンの中心にある近鉄「高の原駅」から徒歩圏にあり、立地条件に優れている。

　戸数は1513戸、中層階段室53棟、住戸面積は44～49㎡、空き家1割程度。供給時期は1972～73年の2年間。

　住棟は当時一般的な南面平行配置であるが、奈良市からの景観上の指導で、よく見られる外壁から外側に突出しているバルコニーではなく、壁の内側に凹んでいる「ベイバルコニー」となった。同時に、同じく指導により、"カッパ屋根"と呼ばれる住棟屋上周りに庇が取りつけられている。

　団地中心部に、南から北に数百ｍの小川（幅1ｍ、深さ10cm程度）がある（写真）。団地の管理供給開始以来40年間もの長きにわたり、現在でも流れ続けているということは、全国的にみてもなかなかない（枚方市の香里団地では、長い間小川の流れがストップしていたが、近年再び流れ出した）。一般には小川は団地に結構取り入れられ使用されるものの、管理開始後いつの間にか、枯れてしまっている例が多い。しかし、平城第二団地では例外

的に、自治会の努力によって、流れがストップしていない。注目される。

小川の流れが途切れたこともあるが、居住者の粘り強い「小川を流れさせたい」という要望で、連綿と40年間流れ続けて

いる。現在、水はポンプアップして上流にもってきて朝8時から夕方6時まで流している（漏水については水道水で補給）。年間約200万円程度の維持管理の費用は居住者の共益費でまかなっているとのことである。

なによりも、夏期にはここで子どもが水浴びすることが好ましい。鳥が来て虫が来て、周辺には大きく育った緑もあり、この川で水も流れていて自然を満喫できる。ヒアリングした元団地居住者で自治会役員でもあったKさんは、現在近くの戸建て住宅に住んでおられる。そのKさんが、この団地に来て小川をみると、「ふるさとに来たように、和める」とおっしゃっていた。また、「おそらく、全国的にみてもこのように、小川が流れ続けている団地はないのではなかろうか」、とのことであった。（以上は、平城第二団地の自治会役員とかつての居住者Kさんからのヒアリング〈2014年12月〉をまとめた。）

②阿武山団地のトンボ池

「阿武山団地」（賃貸960戸、四番街〜十番街〈九番街は分譲〉、1988〜1998年供給）は高槻市の北東部にある。団地周辺には、URと民間の分譲住宅が供給され、外周には阿武山古墳、摂津峡があり、緑の多い高台に立地している。

団地に隣接して「上の池公園」がある。この公園周辺に、かつて日本最

小サイズで準絶滅危惧種（大阪府）の「ハッチョウトンボ」が生息していたことから、URが「トンボ池」（ビオトープの先進事例として造園学会関西支部賞受賞）を造って高槻市に移管した。

「トンボ池」と「上の池公園」を含んで、散歩道、スポーツ広場、小川も整備されている。

　春は桜の下での花見の宴でにぎわい、休日は家族で弁当を広げるシーンがみられる。夏は蝉しぐれ、普段も親子の散歩、虫取り、犬の散歩に利用されている。秋には紅葉も美しい。「上の池」には、鴨がつがいで悠然と泳ぐ姿もみられる。スポーツ広場では、子どもが思いっきりスポーツを楽しみ、例年恒例となっている「ふれあい広場」も開かれる。数千人が集まる福祉のイベントである。冬は、「上の池公園」の借景となる山の雪景色もいい。早朝にはカメラマンがトンボ池に集まり、動く宝石といわれる「かわせみ」の飛来を待っている。すばやく獲物を狙う姿へのカメラの放列も団地の恒例行事になっている。

③子どもの屋外での遊び

　おおよそ「マスハウジング期」ころまでだろうか、団地を訪れると物干しには子どもの衣類の満艦飾。とにかく子どもが多く、歓声と共に元気な姿が見られて活気があり、あたかも日本の元気さや将来を象徴しているかのようであった。団地の屋外は"原っぱ"も多く、緑も豊富であった。チョウやトンボを追い、砂場では泥んこなって、また小川では水とも戯れた。団地の緑も少しずつ成長し、動植物も豊富になり、多くの近所の子どもが遊ぶことで、子ども間での縦関係も育っていった（この時期の子どもたち

の遊びについては、本書の各「コラム」からも読み取れる）。

　かつては、三種の基本遊具（砂場、ブランコ、鉄棒）がどこの団地にもみられ、大勢の子どもたちが遊ぶ様子が観察されてきた。今は、これらの遊具はあまりみられない。あっても使用不可で閉鎖されている。

　さらに、「建て替え期」になると、色どりもデザインも良いが、より簡単で安全性や衛生に配慮した遊び道具に置き換わってきている。子どもの数が減り、減った子どもたちもテレビ、ファミコンやスマホそして塾など室内での個々人での時間消費が多く、皆と屋外で遊ばない。集まって遊ぶにしても、猫や犬の糞から伝染病が発生したり他の子どもから病気をうつされたりといった苦情が出ると、URの管理部門は最終的には使用できないように処置をする。また、子どもの成長にとって、三種の基本遊具以外にも滑り台、ジャングルジム、登り棒、雲梯なども、大事だと思うのだが、これらも縮小気味だ。

　このような屋外や遊具の変化について、「時代の変化だから仕方ないのでは」と片付けていいのだろうか、疑問をもつ。

■ 7　時期別の「景観デザイン」傑作団地

　述べたように、URは全国の大都市圏中心に約1700団地と膨大な団地を建設してきた。また、時期によって異なるが、UR本社によって設計の基準や標準的な設計や指針を示し、そのことで水準以下の団地空間の出現が避けられてきた。

　市民や居住者からすれば、「安全・安心・快適」が大事でかつ家賃が安いことが一番の関心事であろう。当然ではあるがデザイン担当者は前者については、特に心を砕いてきた。このことによって、信頼できる公的住宅（＝URブランド）として居住者や市民からも評価されてきた。時の国会やマスコミからたたかれ、紆余曲折を経ながらも生きながらえてきた所以でもあろう。

このような水準以上の全UR団地を「景観デザイン」からみた場合、傑作もあれば駄作もあろう。傑作と駄作を分けることは困難だ。第一どのような尺度で分けるか人によって異なるし、景観面でいったい良い団地とは何なのか、という素朴な疑問もある。

そこで、「chapter 3　参考文献3」（2015年度日本建築学会著作賞受賞）により、この本の中で傑作UR団地55（分譲団地を除くと43）をピックアップした、著者の木下庸子（2005年発足のUR本社初代「都市デザインチーム」のチームリーダー）によれば、共同編著者の植田実と相談しながら、「……ものを創る建築家としての私が設計者の観点から興味を惹かれた、あるいは重要と思われた計画の団地を選んだ。」とある。ここでは、選定の基準が示されているわけではなく、編著者の主観（感性）に拠っているようだ。ただ、団地空間の「景観デザイン」に関して佳作団地が選ばれているとみていいであろう。

興味をもたれるのは次の2点である。

1.「マスハウジング期」の当初、1955年〜1964年の10年間でみると、傑作43団地のうち13団地があげられているのに対して、次の約20年間つまり、1965年〜1985年では26団地である。さらには、1986年〜2014年のほぼ10年間においては、「東雲キャナルコートCODAN」（東京都江東区）、「シティコート山下公園」（横浜市）、「グリーンヒルズ御影」（神戸市灘区（注1））、そして「武蔵野緑町パークタウン」（東京都武蔵野市（注2））の4団地のみのピックアップである。しかも、これら4団地のうち「グリーンヒルズ御影」と「武蔵野緑町パークタウン」の2団地は建て替え団地であり、建て替え前の団地としても上記13団地にも含まれている。

2.建て替え団地も含め、供給団地数との比較で言えば、3時期でのUR住宅供給団地数は、各152、709、850である（URのHPから）。団地の特性

Chapter 4　団地空間デザインと文化

（戸数規模、立地、供給時期）がいろいろあって単純に比較はできないが、割合でいうと各時期別に8%、5%、0.4%になる。

以上の2点から、当初10年間での「景観デザイン性」が高いと木下らが判断した団地の相対的な多さと、反面、この30年間の「建て替え期」においては、「0.4%」と、評価されている団地が極端に少ないことが浮かび上がる。

これらの事実をどうみるべきであろうか。また、「グリーンヒルズ御影」と「武蔵野緑町パークタウン」の2つの建て替え団地が2回もノミネートされているが、なぜだろうか。

② 豊かなデザイン文化を育てる富田団地

物的な団地空間が良ければそれでいいというわけではない。

そこには、居住者がいる。居住者や家族がその団地空間の中で、日々暮らしながら、住宅と団地空間でのより良い居住を求める。これらの空間と居住者の暮らしがあいまって、近隣との"絆"を紡ぎながら共同での暮らしが進む。団地の諸問題を解決しながら豊かな団地に育てていくのである。この場合、居住者だけでなく自治会やボランティア、NPOなどの活動も重要な役割を果たす。近年、全国レベルでみても、「安全・安心・快適」に暮らし、居住者間での交流を深め、絆を強め、そしてコミュニティ形成を実現している団地の事例も増えつつある。今後、これらの動向により団地の再生と合わせて、新たな文化を創っていくことになろう。

ところで今後URにとって「昭和40年代建設」「郊外型」「大規模」の3点を備えた団地再生が重要課題だ。この3点を備え、長年にわたって上述のような活動を実践中の「富田団地」を紹介しよう（注3）。

事例 ● 富田団地

①団地概要

大阪府高槻市（阪急「高槻市駅」からバス20分）

住棟：5階建て階段室型など75棟　住戸：2647戸

住戸専用面積：37～86㎡（1LDK～4LDK）　管理開始：1971年4月

団地内施設：戸割店舗、スーパーマーケット、銀行、郵便局、小学校、幼稚園、保育所、管理事務所・集会所・自治会事務所、診療所、介護施設（デイサービス、ケアプランセンター）、子育て支援施設（NPO運営）

団地外近隣施設：福祉センター、図書館、温水プール・ジム、コミュニティセンター、多目的広場

URの「団地再生・再編方針」では、「ストック活用型」に分類

配置図

②団地の特徴

・UR指定、関西の"美団地"の一つに上げられ（URのHP参照）、高槻市のローカルテレビ局によって「自然が残る団地」と放映された。野鳥も多く、メタセコイアなど木々の高さは住棟を追い越すほどに育っている。人工的に創られたわけであるが、「自然が残る」という表現は当を得ている。

・75棟の住棟群は、ほぼ平行に配置されているが、場所によっては45度ほど振って住棟配置に変化をもたせている（配置図参照）。この振ることで、建設の戸数は減少するが、ランドスケープには好ましい影響をもたらす。屋外空間が広くなり、"シークエンス"に変化が生じ、広場や木々・植栽の配置にも影響を与える。団地内をみながら歩くとわくわく感が生じてくる。

・近年いくつかの住棟には、北側階段室側だけでなく、南面バルコニー側にもエレベーターが設置され、高齢者によろこばれている。

③居住者の暮らし

・鉄道駅からバス20分と二次交通を必要とし、駅から決して近いわけではないが空き家が120戸程と、全住戸の5%もない。なぜか。以下の多彩な自治会活動によって、居住者の暮らしがよりよくなるような、人間関係・コミュニティ、空間・まち育てが、少しずつ進められていることが大きな要因だ。

・当団地自治会は、世帯にして周辺を含めた3600世帯の「玉川・牧田地区」の戸数の過半を占めることから、地区全体でも中心的な役割を果たしている。

④自治会活動

●歴史と現在

・一般的に、大規模団地がそうであったように、生活関連施設の整備は暮らしが始まった当初は、十分ではなく、まずは、保育所・幼稚園、通勤バス、道路など整備への要求運動からのスタートであった。これを契機に、管理開始直後に「富田団地」でも自治会が立ち上げられた（1971年）。

part 2　UR住宅デザイン文化60年のストック

・月日が経ち、2001年に団地居住老夫婦の孤独死という、極めて痛ましい出来事があった。自治会にとって、人と人とのつながりや結びつきの大事さが身にしみた。やはり、「チョットおせっかいも必要なのでは」などと、高齢者居住支援の取り組みを始めた。

・現在、自治会への加入率は65%と全国的にみて高い。また、自治会として大事にしていることの一つに、「子どもは地域の宝であり、ここを"ふる里"にする」があげられている。

●日常・定例の行事概要

〈日常〉

声かけ：高齢者の閉じこもりをなくすために、自治会から電話して「声かけ」をしている。「緊急連絡安否確認登録カード」も活用している。

見守り：福祉委員会のボランティア（22人）が高齢者を随時訪問

子育て支援：福祉委員会により、子育て教室のバックアップ（月1回）

交流の場：「うの花喫茶」：毎週水・土、「ふれあい喫茶」：毎週月

食事サービス：福祉委員会が65歳以上対象（月1回）。いきいきクラブが（月2回）

体操：福祉委員会が開催、健康相談も（月1回）

　以上は、団地自治会だけでなく、「玉川・牧田地区」の福祉委員会、コミュニティセンター、コミュニティ会議などと協働して、団地内外で継続的に取り組まれていることが特徴（以下の定例行事も）

〈定例行事（2014年）（　）内の数字は参加人数〉

1月：とんど焼き（600人）

3月：小学校で「鯉のぼり」と桜の記念植樹

4月：福祉委員会の花見会　焼きそば900食、独居老人は無料

6月：ジャガイモを掘り、皆で食べる（コミュニティセンターの多目的広場で、コミュニティセンター＋福祉委員会、250人）

7月：夏祭り（団地外からの来場も含め、2日間で6000人、模擬店30）

8月：スイカまつり（400人）

9月：お月見会（福祉委員会、350人）

　　　敬老の集い（コミュニティ会議、70歳以上120人）

　　　敬老の祝い　お茶を250世帯に配布

夏祭りイメージ

10月：運動会（600人、44年間欠かさず実施）
　　　焼き芋大会（コミュニティセンター＋福祉委員会）
11月：文化祭（コミュニティ会議、600人）
12月：餅つき大会、クリスマス会（120人）
　　　大根炊き　コミュニティセンターが災害時の訓練を兼ねて
〈URへの要望により実現したこと〉
・エレベーター：現在、階段室側とバルコニー側に設置されたエレベーターがある（UR関西初）
・電動自転車の貸し出し5台
・車イスリフトの設置
● 組織
〈団地内〉
・役員のがんばり、献身的な努力、そして個人に集中するのではなく、皆で分担するという考え
・自治会の役員9人（会長、副会長、事務局長、専門部長6人）、各棟ごとに班長75人。

〈団地外〉

・関西自治協、全国自治協との共同：家賃値上げ反対など

・富田団地自治会は「玉川・牧田地区福祉協議会」と「コミュニティ会議」
の中核メンバー

●その他

地域通貨（「うの花券」）：生活応援として600円（自治会行事の支援）、100
円（家具の異動など）、50円（灯油の配達）、30円（ゴミの処分）の地域
通貨を自治会が発行・負担している。

　以上のように、富田団地ではおおよそ他の先進的な団地で実施されて
いる、もしくは考えられるイベントは多種多様に取り組まれていること
に、そして、その参加者の数の多さにまず驚く。

　富田団地でのコミュニティ活動の特徴を以下5点にまとめたい。

①コミュニティが空き家を救う……

　鉄道駅から、バスを利用しなければならない「バス圏」にあるUR住
宅団地の人気は一般的には高くない。ところが当富田団地に来住し、住
み始めたら、「居心地の良さ」がわかって退去も少ないとのことである。
空き家が少ないわけが理解できる。URにとっても、空き家を減らすこ
とは悲願である（UR住宅には2～3割もの空き家を抱える団地もある。
平均でも10%を超えているという）。5%弱とは極めて優秀だ。

②子どものふる里に……

　団地に住んでいる大人たちは、地方に「ふる里」がある。ではその子
や孫たちはどうか。団地しかないのでは……？　ということで、団地を
子どものふる里にしようと、自治会で決めて実践している。ユニークで
あり、かつなるほどと思う。

③URとのタイアップ……

　一般的に、団地自治会はURとは敵対的である面がある。富田団地で
はURとも様々な行事、環境改善でそしてより住みやすい団地を目指し

てタイアップしている。結果、エレベーターも早く設置された。関西の他の団地では、なかなか見られない。

④ゆるく組織することが大事……

当自治会では、団地内で各棟・各階段ごとに一人は連絡係の班長さんがいる。この班長さんには役員さんたちから、「できることをやってもらったらいい」そして「活動は楽しくやりたい」の信念でお願いされているとのこと。また、棟委員会の開催時には子ども連れもOKで、帰りに子どもにおもちゃを渡すそうだ。これらは、組織が持続できるうえで大事なことではなかろうか。また、UR等への要望が実現したら、居住者には積極的に「自治会があるからできるのです」と知らせている。自治会の意義を理解してもらうきっかけになる。

⑤他の団地でも実現可能か……

富田団地で実践されている、居住者の人と人とのつながりを大事にして、皆が住みやすい団地空間に育てていくという活動や可能な限り仕事を分担して進める、といったことは、どこの団地でもできるものではない。しかし、一方では、自治会長さんの話を聞いていくと、できることからできる範囲で持続的に活動していくことにより、他の団地でも、不可能ではないように思えた。

（注1）グリーンヒルズ御影団地

①建て替え後空間概要

名称：グリーンヒルズ御影　住宅敷地：2.9ha　駐車場率：71%　棟：4、5階12棟、すべて片廊下形式で、すべての棟にエレベーターが設置　戸数：299戸（1DK〜4LDK、平均専用面積60m^2）　施設：特別養護老人ホーム、集会所　建て替え着手：1996年度末　最終入居：2004年度

②コメント

本団地は、「第三種風致地区」に指定され、高さ制限が15m以下、緑地率30%以上などの法的縛りがある。このことは、団地空間を大きく規定している。そこで、「御影団地」の建て替えについては、他の団地にはみられない「環境調和型建て替え」ということで、デザインが進められた。具体的には、「景観・環境・生きものを大切にするまち」として、松林など既存

part 2　UR住宅デザイン文化60年のストック

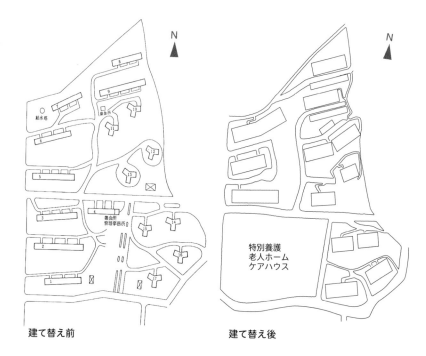

建て替え前　　　　　　　建て替え後

　樹木や地形を残し、住棟は建て替え前のほぼ元の位置に置く。
　訪ねてみると、なるほど「住棟を置き換えただけだ」の感がある。ただ、住棟の階数には変化ないが、戸あたりの床面積が増え、敷地の一部が施設建設に使用されかつ駐車場率も高くなり、結果、建蔽率が上がり建て替え前に比べ多少の"建て詰まり感"もある。しかし、高層・高密化の建て替え他団地に比べて、中層を維持し、樹木も多く残してあり、高級感のある団地になっている。
　容積率はおおよそ75%程度である。一般には、UR団地の建て替え後は、高層・高密化が進み、120%以上の容積率になる。
　著者は、UR住宅団地の建て替えを良しとする立場にない。しかし、もし建て替えるならば、この団地のような、できるだけ現状に近い団地空間への建て替えを望む。

（注2）武蔵野緑町パークタウンについて
　chapter3　参考文献8、p148〜159参照

（注3）渋谷哲男（UR富田団地自治会長、関西公団自治協事務局長）さんからのヒアリングと資料による。

COLUMN

公共住宅としての役割はどこに
長期間富田団地に暮らして

S.T.（男性）　居住期間：1971年〜

　昭和40年当時、公団住宅に何回も申込み、やっと当たった時のうれしさを忘れることができない方は多いのではないでしょうか。当時は公団住宅に入居するのが夢でもありました。

　昭和46年富田団地が管理開始とともに入居して44年が経ちました。何回かの申し込みの結果当選し、憧れの公団住宅に入居できましたが、30代後半のサラリーマンにとって、当時の家賃は決して安くなかったように思います。平均的な若者の月収の3分の1程度が家賃の支払いに消えていきましたが、公団住宅ということで辛抱できました。当時は、公団住宅の家賃は入居当初は高くてもその後は家賃が上がらないというのが定説でしたので、家賃の高いのを辛抱して住み続けてきました。

　会社と住まいの往復の毎日、まさに団地には寝に帰るという状況のため、男性陣の多くは隣り近所との接点がなかったのは現在と似通った状況だと思います。一方、当時は女性の方で働きに行かれる方は現在ほど多くはなかったように思います。家庭の主婦は子育てや家事で、昼間も団地内で過ごす時間が長い関係で、隣り近所とのつながりも深く、地域のコミュニティ活動もうまく作用していました。

　毎月2回の階段のお掃除は絶好の交流の場となり、子育てや世間の話題を介して、お互いのお付き合いが深まり、信頼関係も生まれ、集合住宅特有の近隣との騒音問題等も現在ほど問題にならず、また自治会加入率も自然と高まっていました。自治会に加入するのは当然と当時の入居者のほとんどの方が思っていました。

昭和46年入居当初の富田団地は、木々の緑もなく、鉄筋の建物が並ぶ、変化に乏しい殺風景な団地でした。団地内に植えた樹木も、約2mの細い一本の枝が立っているようなもので、46年入居当初の富田団地は、木々が木陰をつくり涼しさを与えてくれるという状態ではありませんでした。でも、その殺風景な空間を補うかのように、入居している方同士のつながりは深く、お互いが助け合い、気心の知れた仲間が多く、今より、心の豊かなコミュニティだったように思います。

　団地内にある公園では、子どもたちの元気な声が絶えませんでした。当時の子ども会には400人近くの子どもたちが加入し、世話をされる保護者も大変でしたが、みなさん一生懸命お世話をされていました。そんなお世話の大変さを共に味わった保護者の絆はお互いの結束を強め、結果として日常生活においてもお互いを理解し合い、譲り合い、団地の良好なコミュニティを築くことにつながったものと思われます。

　昭和46年初の入居者の年齢層から、当時の団地の自治会の運動会は、若者向けの体力を競う種目がメインの競技内容でした。自治会の運動会の競技に参加する人も多く、お世話する自治会の役員さんも、毎回競技に参加する人数制限に困った、良い意味での大変な時代でした。運動会を見る場所を確保しようと、前夜から小学校のグラウンドにシートを敷き、場所を確保するという熱狂ぶりでした。運動会には、遠くのおじいちゃん、おばあちゃんを呼び、家族そろって見学し、運動会を楽しみ、また昼のお弁当を広げ、運動場で楽しく食べたことが懐かしく思われます。

　あれから44年経った今、入居者の高齢化から、運動会のプログラムについても競争でなく遊び中心へと変化してきたのはもちろん、日頃の自治会の活動内容自体も大きな変化を遂げました。

　以前、運動会には参加者でいっぱいになった小学校のグラウンドも、最近の運動会は、当時に比べて、見る人がまばらで、いかに大勢参加してもらうかの工夫が必要になってしまったのも時代の流れでしょうか。

COLUMN

　入居から44年経つと団地内の樹木も大きく成長し、一部の木は中層5階建ての屋上をはるかに超え、夏は生い茂る葉っぱが涼を与えてくれると同時に、目に優しい緑いっぱいの団地になり、住む者にとっては良い生活環境になりました。冬は木々が葉っぱを落とし、住民に優しい陽の光を入れてくれるという、木々の心やりから、生活者に優しい団地です。公団住宅でしか味わえない団地の環境だと思います。恵まれた自然環境から、富田団地には、野鳥も約30種類と多く、自治会の行事の中に、「野鳥観察」を取り入れた時もありました。また樹木や足下の野草たちも、春にもなればきれいな花を咲かせ、私たちに心の安らぎを与えてくれています。

　一時は団地内の小学校も児童数約1600人という状況から、近くにもう一つの小学校を新設しましたが、少子高齢化という今の日本の人口構成を反映したように、新設した小学校も、元の小学校に統合し、今は小学生も約400人となりました。高齢の夫婦や一人住まいの高齢者の増加から、自治会の活動の中にも高齢者への安否確認の電話や訪問、家具の移動という個人の日常生活の中に一歩踏み込んだ生活支援的な取り組みが増える傾向にあります。

　高齢者の中には金銭管理ができずに家賃を滞納の状態にしてしまい、結果として強制退去という残念な場合もあります。自治会としてどこまで個人の生活に入り込むか、非常に悩む時があります。UR都市再生機構としても「家賃の滞納・はい退去してください」でなく、入居者の状況を把握し、その人間としての対応が必要ではないかと思います。長年家賃を支払い続けてきた高齢者に対しての公団の姿勢が問われる現在でもあります。

　年金収入のみの家庭が増える傾向にあります。そんな中で、生活費はやがて遺族年金による家庭が着実に増加するという現象を考えた場合、今後心配されるのは、毎年減額される年金からいかに家賃や生活費を捻出できるかということではないでしょうか。本来、ここに公共住宅としての存在が問われるのですが、そのような傾向が見えないのが、最近の政策の中から見受けられます。

40号棟から19号棟の方向に向かって（左は1971年頃、右は2010年8月）

　最近の家賃の値上げは、年金生活者の終の住処すら奪うという人の世にあってはならない状態をつくることにもなっています。公団住宅の家賃の値上げが、子育て中の若者や高齢者の生活を圧迫し、健全な日常生活を営めないというようになれば大変です。近隣の住宅家賃を参考に公団住宅の家賃を改定するということは、本来あるべき公団住宅の公共性がなくなるばかりか、近隣の民間住宅の家賃値上げの雰囲気を公団住宅がつくるという、あってはならない状況です。今までの家賃改定3年という周期を2年ごとに変更し、このまま家賃値上げが続けば生活費を切り詰めて家賃の支払いに回すというのにも限度があります。公団住宅が家賃の値上げをしないから、近隣の住宅の家賃も値上げができないという、逆の流れをつくるのが公共住宅としての役割ではないでしょうか。

　昨今の公団住宅に対する政府の方針等を見ていると、家賃値上げに耐えられない者は、公団住宅を出て行く以外に道がないように思われます。年金収入だけに頼る高齢者が公団住宅を出て行って、入居できる民間住宅は非常に限られます。まして、高齢化と共に遺族年金だけに頼る高齢者が増えていく中でのこの現実は、高齢者にとっては、生きるための、非常に厳しい選択になってしまいます。

　若者も安心して子育てができ、高齢者も年金収入で支払うことができ、住んでいて良かったといえる家賃制度にするのが公共住宅の使命ではないでしょうか。

chapter 5 多様な住戸・住棟のデザインと暮らし

　デザイン文化面で過去60年にわたるUR住宅をみる時、最大の意義は何だろうか?

　それは、ゆったりしたUR団地空間とそこで形成されたコミュニティの豊かさ、及びよく考えられた住戸・住棟の多様な展開とそこでの家族の安定した暮らしであろう。前者は前chapter 4でみてきた通りであり、この章では後者について考えたい(chapter 6末の年表参照)。

1 住戸平面の標準化から多様化

1 暮らしと住要求がベース

　例えばだが、URの最初に建設・供給された「2DK」は、既存の公営住宅「2DK」をベースに床面積を1坪広げることで、「食寝分離」をより安定させる「DK」と浴室のスペースを確保したものであった(注1)。これは、まさしくUR住宅の供給対象である都市勤労者の住宅への要求

part 2　UR住宅デザイン文化60年のストック

を先取り的にとらえ、かつ"売り"にしようと提案したことであり、画期
的な出来事であった。

　また、膨大なUR住宅への需要を背景に、UR住宅建設戸数は年ごとに
増え、戸数確保のためにも「標準設計」が整備された。その後、勤労者
や市民の暮らしの変化や住要求の高度化・多様化の波を受けながら、標
準設計から「汎用設計」へ、そして「FS型住戸」や自由な設計も多用
された。結果として、75万戸の大量のUR住宅ストックとなった。この
住戸平面のストックは、時を経るに従って多様性をもってきている。

　この60年の過程で、URのデザインチームは基礎・応用の調査研究を
行い、その成果に基づき設計事務所とも協働しながら、デザインに生か
していった。その内容等は十分であったかというと、様々な問題はある。
しかし、需要層を想定し彼らの暮らしや住要求をできるだけ科学的にと
らえ、デザインに生かそうと努力してきたことは間違いない。

2 住戸平面の変化

① 「標準設計」から「汎用設計」へ

● 「標準設計」の限界

　初期のUR住宅の設計においては、住戸平面と住棟については本社が
毎年「標準設計」を数タイプ作成して支社に伝達し、支社はこれらを使っ
て、配置設計を行っていた。さらには、在来型の建設工法では、大量建
設の要請には応えきれず、大量建設のために諸外国の工業化工法を研究
し実施していった。量産化を一層進めるべく、UR本社に「量産試験場」
（1963年）と「量産課」（1966年）を設置した。

　各支社での、具体的な敷地における団地の設計においては、住戸の新
規設計の余地はなく、同じタイプの住棟をいかに配置するかということ
に主力が注がれた。また、「マスハウジング期」の頃は、まだ、需要の
多様化や地方性・地域性ということはテーマにならず、お仕着せの「標

準設計」の住宅が受け入れられていったわけである。ところが、「マスハウジング期」の後半あたりからは、少しずつ、具体の敷地条件・需要動向等をよく見て、住戸設計を行うという方向にシフトしていった。

　当初の標準設計は1957年に制定され、当時の公営・公務員住宅の設計を整理集大成したものであった。次いで、URの本社で改定を重ねていき、1963年には全国統一の標準設計が決められた。この段階では、団地サイズ（畳短辺800）であったが、次の1967年、「67型」において、モジュール900となって団地サイズが解消されたことになる。その後「67型」は10年間ほどURの代表プランとして使用された。一方では、1960年代後半からは標準設計システムが徐々に崩れていき、1973年の標準設計で全国的な統一方針に終止符。以降は、標準設計を使用しながらも、順次「汎用設計」に置き換わっていった。

● 「汎用設計」へシフト

「汎用設計」については、その設計内容をそのまま使用するのではなく、実際には具体の敷地ごとに住戸・住棟設計を自由に行う場合の「参考資料」という位置づけであった。この背景には、UR住宅の需要層の暮らしやライフスタイルが変化し、それに伴い住要求が高度化・多様化していったことが大きい（注2）。

　1970年代になると、公営・公社の賃貸住宅も含め、中層集合住宅という形態が一般化し、「nDK型」住戸での暮らしがもはや珍しいものではなくなった時代に入りつつあった。この反映として、標準設計では飽き足らないという声が、大きくなってきた。あるいは、URデザインチームとして、以下のような勤労市民の需要動向の変化に気づき始め、「汎用設計」の活用という方向にシフトしていった。

・個室の和と洋の選択

　洋室重視の傾向が顕著となった。UR住宅初期には個室＝和室であったが、個室の1室または2室を洋室とすることが徐々に標準プランとなって

117

いった。個室を洋室化するということは、和室のような転用性・多目的性がなくなる。また、DK横個室については依然として和室とすることが一般的であったが、住まい方を見ると洋室的な利用の場合も多くみられた。

ただ、これらは、地方によっても事情は違っているし、実現するには、住戸の大型化や多様化も進めなければならない。結果はそのような方向に進んできたわけだ。

・公室と私室のバランス

公室（居間・食事室）と私室（個室）及び水まわり（キッチン、浴室、トイレ、洗面）の設備空間と居室空間との面積バランスなどは、住要求や住宅供給事例等を参考にしながら決定する必要があり、従来の「標準設計」住戸平面では対応しにくい。

・地方性や地域性のクローズアップ

全国一律・本社でのコントロールではなくて、地方・地域の空間・風土・気候・伝統や暮らしや需要の特性を読み込んだデザイン、あるいは地方支社独自によるデザインが求められるようになってきた。

しかしながら、この「標準設計」から「多様化」の方向にまっしぐらに進むことはできず、UR監督官庁の大蔵省・建設省などからの「経営重視」の声も大きくなっていった。これは強烈なプレッシャーであり、結果は地方や地域重視でなく、地方支社などの意見も聞きつつも、むしろこれまで通り本社中心型のデザインシステムは継続するということになった。このような経過をたどり、結局、新たな標準設計とも言うべき「FS型住戸平面」が登場したわけだ。

② 「FS型住戸平面」が席巻

URが「標準設計」を策定した発足当時は、住棟は中層が基本であった。中層住宅では法定容積率（用途地域によって異なるが、200％である

ことが多い）を完全に満たすことはなく、UR団地の容積率は100％にも満たない（初期ほど低く、多くは50％程度）。それほどゆったりとしており、豊かな屋外空間を創る最大の保障となった。

　ところが、賃貸住宅の経営採算上からすると、可能な限り容積率を消化した（使った）配置や住戸の設計とすることに傾斜する。このなかで考えられたのが、「FS型住戸」（フロンテージ・セービング型：京都の町家にも見られるが、間口を狭く奥行きを長くした住戸平面。DS型は逆。(chapter3　参考文献9)である。1970年代後半の頃だ。

　「FS型住戸」を採用することによって、敷地内に住戸を多く配置することができ、高容積率化が進み、結果、経営採算性の向上につながる。これにより住戸平面形状は、「南側に居間・食事室の公室系＋和室、北側に個室」となり、多くの場合「水まわり」は、日照はもちろん採光もない住戸中央部に配置せざるを得なくなる。このことで、北側と南側を結ぶ住戸内廊下が発生する。水まわりが外気に面さないことにより、機

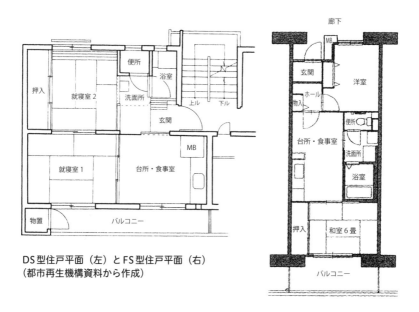

DS型住戸平面（左）とFS型住戸平面（右）
（都市再生機構資料から作成）

械換気が欠かせず、日中でも照明が必要となるといった点で居住性能は
それ以前の住戸よりも低下する。機器・ダクトや電気設備の初期費用、
及びメインテナンスや機器の運転や電灯の電気代といったランニング費
用もかさむ。しかしながら、経営戦略上、FS型住戸によって配置設計
を行うほうが有利であることから、1980年代には「FS型住戸」が、言
わば新たな「標準設計」化していった。

　この「FS型住戸」が、経営方針から導き出されたことは重要である。
　なぜか。当然のことながら、民間建設の集合住宅でも同じく「FS型
住戸」を多用している。同じようにUR住宅はすべてがこの型に収斂し
ている実態があり、民間との差異がなくなりつつある。これは、民間と
の差異を明確にしつつ民間をリードするという、公的立場がなくなって
きていることを意味することになる。このことは、chapter1で1986
年以降の「建て替え期」では民営化路線に進んだことを述べたが、その"先
取り"であったとも言えよう。

　このようなことで、今やUR住宅を含め公と民を問わず、分譲と賃貸
とを問わず、さらには新規建設の都市集合住宅は「高層」で「nLDK型」
の「FS型住戸」に"乗っ取られてしまった"感じである。それほど「FS
型住戸」が日本の都市集合住宅最大のボリュームゾーンを占めている。

3 「公私室型住戸平面」の意義

　戦前、「中廊下型」は、部屋間の移動に廊下を使えることで家族構成
員のプライバシーが確保できるという特徴をもち、このことも含め家族
本位の画期的な住戸平面であった。この時期に接客型の「武家住宅」が
このような変化を見せたのは、社会的・時代的にはデモクラシーの時代
であり、その反映があった。

そして、戦後は、アメリカ中流家庭のライフスタイルが流れ込み、一層の個室化・私室化が進んだ。一方では、家族が皆で食事をし、だんらんを楽しむべく集まる、「DK」や「LDK」といった公室も新たに確立されていった。この結果、戦後の都市住宅住戸平面の最大の特徴は「公私室型」となった。URは大都市圏に来住した多くの勤労・核家族層をターゲットとして、この「公私室型」住戸を大量に建設していった。

①公室の展開・役割

URでは、ごく少数であるがかつて「nK」という型の住戸平面が供給されたこともある。この場合は、想定として、「K」横の１室が「公室」を代行したであろう。ユカザによる家族の食事やだんらん・くつろぎの場合の「茶の間」の役割を果たしたというわけだ。

また、「DK」は戦前の京大教授西山夘三の「食寝分離論」（小住宅においても、保健・衛生上の理由から食事と就寝の空間は分けている）をUR住宅住戸においても実践すべく採用された。DKにおいては、当初はURによってイスとテーブルが用意され、住居系女子大生サポーターなどによって使い方も教えられたほどである。今では、家族や居住者がそこで食事を取り、場合によれば「だんらん」やくつろぎの場にもなっている。特に、DKでのイスザによる食事は一般化し、定番となっている。このことは、URに限らず、日本全国でみられる、いわば普遍的なスタイルになっている。

ところで、URでは1970年代からLDK型が供給されだし、今では「型」としては主流になっている。このLDKについてはDK横の私室１室が「L」に変わったとみてよい。

当時、UR住宅のDK横の和室には、カーペットが敷かれ、イスと小卓リビングの応接セットそしてステレオとテレビが置かれている。まさしく「L」の家具配置になっている。DK横の和室間仕切りが取っ払われ、

このような暮らしが多く見られたことから、Lが誕生したわけだ。

ところが、現在の「L」の空間利用については、日本では多目的であり、洋室であるにもかかわらずイスザは定着していない等の特徴がある。このことは、すでにchapter 2-2で述べているので参照していただきたい。

②私室の充実と洋室化

「nDK」や「nLDK」の「n」は私室数である。

家族そのものが変わり、家族の暮らしが変わることで、住まいへの要求も変わっていく。それにしたがって、デザインを進めることが肝心だ。私室に関しては、住戸内での私室の位置、私室の数、洋室化などが具体的な設計テーマとなる。

私室の位置に関しては、何室必要なのかによっても異なり、現在の「FS型」を想定すると、それほどのバリエーションはない。もちろん、逆に住戸のタイプを「FS型」とせずに、自由に設計できるなら、位置の多様性も出てくる。

私室の数については、かつてUR住宅において、設計条件として設定すべき私室数は住戸の家族人数から1を引いた数が、私室数とされた時期がある。これは一般的な核家族でいうと、両親2人で1室、後は子どもの数ということからきている。近年では、住戸の規模も大きくなり、一方では家族人数は減少傾向にあり、子どもの数＝私室数に加えて、夫婦2人で2室か3室となりつつある。後者では、夫婦の「別室就寝」が増加傾向にあり、夫が「ホビールーム」（趣味の部屋）や「書斎」を欲しいという要求もありで、このような実態になっている。これは到達点であり、かつての「とにかく、部屋数が欲しい」という時代とは異なって、「家族人数＋1」あたりで今のところ満足の状態ではなかろうか。このようなことで、私室数については現在あまり問題になっていないようだ。

一方、洋室化が進んでいる。洋室での暮らし方が合理的であることが大きな要因だ。

まず1室が洋室化するとそこは子ども部屋になった。というか、URも子ども部屋向けにまずは1室洋室化した。また、高齢者にとっては、例えば就寝・起床時には布団よりベッドの方が楽で具合がいい。その他、住戸内での行為すべてにわたり、床からの起居を考えるとユカザよりもイスザの方が楽だ。かくして、高齢者の部屋は洋室化する。年齢的に子どもと高齢者の間の人も、子どもの頃のベッド生活の延長上にベッドを志向し、結果洋室がいいということになる。洋室になると部屋の用途が固定されるという問題があるが、述べたように相対的に住戸面積も拡大傾向にあり、この流れでいくとその問題もクリアされる。かくして洋室化が進む。URでも私室すべて洋室の住戸も増えてきている。

ただし、和室、特に畳の感触は悪くない。chapter2-3で述べたが、和室はなくなっても、畳はなくならないのではなかろうか。

4 多様な住戸ストック

住戸平面の変化を順次、「標準」「汎用」「FS」と大きく3段階の経過があることをみてきた。また、戦後の家族ライフスタイルの変化から、「公私室型」が都市住宅として定着している。そして、今のUR住宅ストックをみると、住戸平面の多くは「nLDK型」だ。かつ、最近の建設の「FS型」の「nLDK型」といっても、種類も多いし「やくもの」（大多数の基本プランと異なった変型プラン）もある。また、UR住宅には、1965〜1985年に供給された478千戸もの中層を中心にした、「階段室型」かつ「DS型」の膨大なストックもある。これらを含めて考えると、UR住宅60年間での住戸平面ストックは多様だ。

part 2　UR住宅デザイン文化60年のストック

② 新企画住宅提案と需要把握の"しかけ"

1 経営重視による見直し

　URの1955年の発足から1970年頃までは、団地や住宅の設計要領や基準、そして標準設計を駆使して、大量生産を進めてきた。このころまでは、建設し募集すれば倍率も出て、空き家の心配もなかった。

　ところが、1973年のオイルショック前後あたりから、大都市への人口集中も鈍化し家族やライフスタイルが変容し、住宅需要の動向が大きく変化していった。UR住宅需要層の勤労市民の住要求も高度化・多様化し、その所得も伸びたが反面、家賃の高額化も進んだ。他方、UR住宅での「高・遠・狭」の問題が大きくなり、募集すれば間違いなく入居者が獲得できるとは、限らなくなってきた。むしろ、幾度にもわたる行政改革やマスコミ・民間住宅業界からの「分譲住宅は民間の手でやるべき」「URそのものも不要だ」そして「ずさんな経営を何とかしろ」といったURバッシングも頻発した。

　そこで、URは動いた。

　経営重視化の方針下で、様々な「経営改善」と同時に大量のUR住宅空き家の解消への対策が主たるミッションの「見直し」の取り組みがなされた。1977年には、UR本社にトップ自らが本部長になる「経営改善本部」が設置され、URあげて取り組むことになった。この1970年代後半から20年間ほどは、「見直し」を通じて経営改善を行い、徹底した空き家対策が実施された。と同時に、同期において、「現下の住宅需要や住要求がどうなっているのか?」など、基礎から応用までの調査・研究が取り組まれ、どうすれば空き家の見込まれない新規住宅が建設できるか、多方面からの深い検討が行われた。

2 新たなデザイン提案

　UR住宅デザインチームにも、大幅な見直しと新たな提案が求められた。後者については、URデザインチームも必死で需要動向を探り、UR住宅らしさをどうアピールするのか、どのように入居者をゲットするのか、そして住宅の企画や設計にどう生かせたらいいのか、など相当な努力が払われた。

　この、1970年代後半から約20年ほどにわたる年月を使って検討された（都市基盤整備公団成立の1999年頃まで）。この検討作業は、「マスハウジング期」（1955～1985）初期に行われた取り組みと、「デザインのあり方を探り、何とか局面を打開できないか？」という点では相通じるものがあった。

　そのデザイン検討内容として、具体的に実現に至った「企画型住宅」の提案やハード面での「需要対応方策」の主要なものを紹介しておきたい（他に重要テーマとして、「高齢者対応」「環境共生」、突発的な「震災復興」関連もあるが、それらについてはchapter 3-2で述べている（各提案内容の後の（ ）内の数字は、おおよそ1975年～1999年の中での実施年であるが多少の幅がある）。

①企画型住宅の提案

　　　　新規住戸・住棟提案

準接地型住宅（1975）
　次節、2参照

中層ニューモデル（1979）
　それまでの「羊羹型」住棟から脱却して、新たな中層住棟・住戸の設計提案である。均一性を求めない、屋根形状を考える、美しいファサー

ド、妻側デザイン等これまでの「箱型」からの脱却を試みた。それまでのUR中層に対しての改善提案を総合化したモデルだ。ただ住戸平面の基本は「FS型」ではあるが、多様なライフスタイルへの対応や住棟各部の特性を生かす、といった趣旨で取り組まれた。この方向はその後の中層住宅の大きな流れになった。かつ、当時必要性が言われ始めていたが、はしりとはいえエレベーター設置の社会的要請を受け止められなかった、という限界があった。

m³型住宅（1979）

「りゅーべがた」（立米型）と読む。一般には住戸は2次元でその広さや間取りを考えるが、垂直寸法にも配慮し、空間全体を3次元的に考えるという積極的なアイデアだ。床面積は同じでも、天井の高さを目いっぱい使うことで、空間の利活用が広がるという意義がある。

リビングアクセス型住戸（1985）

「FS型住戸」は共用廊下に面して、私室を配置せざるを得ないという問題がある。逆に、共用廊下に面して、居間を配置することで、奥の私室のプライバシーが確保できる。

　長もち住宅

KEP（1973）（kodan experimental-housing project）

URが開発した工業生産された市販のユニット部品を用いる「オープンシステム」方式の住宅供給システム。1973年から研究がスタートし2団地で実現化した。

フリープラン賃貸（1985）

URが躯体を賃貸し、入居者自ら負担し、内装・設備を自由に施工・所有するという賃貸住宅。これに対して、住戸全面でなく、主寝室などはURで用意し、大きめの一部屋のみを入居者の自由にゆだねるやり方を「フレックス住宅」と称した。類似のやり方に「ユーメイク」もある。

KSI（1998）

躯体（スケルトン＝S）と住戸・設備（インフィル＝I）は各々寿命が違う。一般の住棟や住戸はこれらを同じように扱っているが、分離することで、「S」は長期に使用し、「I」は住戸内での暮らしや住要求の変化に応じて対応しようという考え方。「K」はここでは「公団」の意味。

景観形成

ストリートハウス（1985）

とかく殺風景になりがちな、街路沿いの集合住宅に景観を演出させるために、住棟ファサードをデザインした。その一環で1階部分にαルーム（母屋から離れた部屋）なども配置した。

1階住戸から独立した部屋の提案（1985）

αルーム、まるち（営利活動可）、プラスワン（屋外から入れる）など。

②需要対応方策

メニュー方式（1976）

需要の多様化に対応させる狙いで、あらかじめ用意した複数の「メニュー」を入居希望者に選択してもらう需要喚起の方法。メニューとしては、住戸プラン、壁紙などのカラー、設備関係のオプションの3つの

ジャンルで実施。

キャラクタープラン（1980）

画一的なnLDK型からの脱却を目指し、特定の個性的な居住者のライフスタイルを想定し、それに対応した住宅（特化型住宅）の提案。

家具付き住戸（1984）

主に単身用小規模住宅の部屋の有効利用と付加価値を高めるために家具付き住戸供給。

ライフスタイル対応（1985）

地域の細かい住宅需要を拾っていくことは全国組織のURでは困難。これに代わるものとして、まず大都市圏別にユーザーストックへのアンケートを実施。そのアンケートから10分類のライフスタイル別クラスター分けを行い、その中から時代のトレンドをつかみ設計に生かそうと考えた。

住宅や設備の改善（1985）

管理部門で、空き家対策で二戸一化や設備関連でのライフアップなどの実績も多い（chapter 7-2）。

③今後にどう生かすか

20年ほどの間での、このような①、②の取り組みは新規住宅建設と需要の関係でのデザイン提案であり、かつ、住宅企画といっても、住戸と住棟に限定された提案である。今後URにとって主要なテーマの住宅再生に役に立つのかという疑問もあろう。

これらの取り組みは多少なりとも実施されたものばかりをあげた。こ

れら以外でも様々に検討されたが、結局は新規住宅建設あっての企画であり、戸数がダウンし続けていき、かつ必要性の認識に広がりを欠いたことから、実現・実施にはなかなか至らなかった。

ただ今後、再生に生かすという視点でみると、使えるものも多い。

過去の多様な住宅や設備の「改善」については、引き続き今後も生かせる。住戸・住棟の「リノベーション」関係では、「㎡型住宅」は住戸を上下で二戸一化したり、1階住戸では床下が十分あることで天井高を高くでき、この発想は有効だ。「フリープラン賃貸」の考え方は、現在、入居促進の目的で全国的に使われている。ごく近年の再生にも、DIY (chapter 7-2) といった、主旨は少し異なるがよく似た形で生かされている。「フレックス住宅」も同じように使えそうである。また、今後、団地の再生を多様に進めるに際し、「ストリートハウス」や「αルーム」は団地空間の景観向上で活用可能である。

これらの全体については、むしろこれまでの成果を引き継いで、積極的に展開していくべきであろう。

③ 多種多様な住棟の提起

住棟は、構造躯体と共用部分（屋根、壁、廊下、バルコニー、及び諸設備）などのスケルトン部分とインフィル部分である住戸から成り立っている。構造的に長期にわたり安定して住戸を維持するには、耐震性・耐火性・耐久性が要求される。UR住宅の耐震面での頑丈さは、阪神・淡路大震災時にも、ほとんどの住棟が損傷を受けなかったことで、証明されている。また、耐久性の面でも建設当初の施工・材料やその後の保全にもよるが、60年以上100年でも「もつ」と考えてよい。なくなったが、同潤会の集合住宅や2015年に世界文化遺産に登録された明治期の産業革命遺産の一部としてではあるが、長崎市の「三菱鉱業端島炭鉱

住宅」が良い事例である。

1 住棟の多様性

UR住宅・住棟は多種・多様である。

住棟を分類する指標としては、「一棟あたりの戸数」「階数」「アクセス」（住棟の玄関から、各住戸の玄関までの移動法とルート）と「平面形状」があげられる。

「一棟あたりの戸数」は一般には1戸（戸建て）から巨大棟では1000戸近くまでである。1000戸といえば、大き目の中層団地1つ分ある。

次は「階数」だが、1階から超高層の50階程度までである（おおよそ、低層：1～3階、中層：4～5階、高層：6～14階、超高層：15階～）。

そして、「アクセス」は、大きく「階段室型」と「廊下型」に分けられる。「階段室型」は一般には4～5階程度で階段の上下歩行によって住戸の玄関に到達するタイプ。そして、「廊下型」とは、階段もしくはエレベーターを使って、上に上がり水平の廊下を歩行することで住戸玄関にいたる。廊下型は各階の住戸が左右にある「中廊下型」、片方だけに廊下がある「片廊下型」「ツインコリドール」（2つの「片廊下」の廊下側を対面させ少し空けて平行に置き、空けた部分に階段室やエレベーターシャフト等を配置したタイプ）などがある。廊下型の変型として、廊下を2階ごとに設置して、非廊下階を作り階段室型のような良好な居住条件にした「スキップ型」も部分的に採用されている。昨今はエレベーターの非着床階

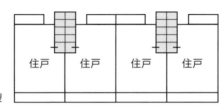

階段室型

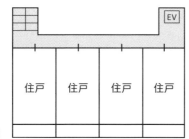

片廊下型

が出ることで、高齢者バリア対応にならず採用がなされていない。もう一つの廊下型の変型として、ホール型がある。各階の廊下ではなく、ホールから各住戸にアプローチする型である。

これらのなかで、「マスハウジング期」に多用された典型として階段室型、そして「建て替え期」に高層化・エレベーターの必要性から生まれた片廊下型がある（chapter3 参考文献10）。

「平面形状」は、一番多い長方形の「板状」、高層・超高層に多い「タワー（ポイント）型」、板状の中では「片廊下」「ツインコリドール」「中廊下」などがある。

近年では、「エレベーターを設置する」「密度を上げて戸数も多く配置する」といった、経営的観点からの住棟選択が優先される。その結果、「片廊下・板状・高層」の住棟が多用されている。UR住宅でもそうであり、民間のマンションも含めて、公民含めて日本では、この住棟のオンパレードとなっている。

2 階層別にみた住棟と暮らし

①ランドマークとしての高層・超高層住棟

この20〜30年で、日本の大都市都心部や鉄道ターミナル周辺では、高層・超高層タワー型の住棟を多く見かける。

UR住宅の高層住棟においても、多くは片廊下型・板状（長方形）で

あったが、近年都心部で超高層タワー型マンションが結構建設されてきている。高層・超高層の住棟は、利便性の高い、高地価の都心部などでは、高層階は見晴らしが良くかつ「ランドマーク」（広域的に目印となる高層の建築物・構築物）としての意味はある。バリバリ働き、住棟内での近隣関係はむしろ煩わしくプライバシーを大事にするといった、元気な単身者や小さな子どものいない若夫婦たちにとっては、便利で良い。しかし、幼児や高齢者、妊婦、障がい者・病人などの「居住弱者」にとっては、好ましい住棟タイプではない。住棟外に出ず住戸内に閉じこもり、コミュニケーションも取れない人間関係になりがちだ。一般には、住棟も巨大すぎると、近所づきあいもやりにくい。また、災害時の対応も大変だ。

都心部やその周辺都市部での大規模な地震を想定した場合、多くの高層・超高層住棟の各階エレベーターがいっせいに止まるとどうなるか、考えただけでもぞっとする。

②ヒューマンスケールの中層住棟

「マスハウジング期」の頃は、UR住宅に限らず、公営・公社も中層住棟が圧倒的であった。その中でも「階段室型」が構造的にも安定していることから多用された。

中層4〜5階建て住棟の高さは15m以下で、1棟の戸数も10〜40戸程度である。このことから、中層住棟については、よく「ヒューマンスケール感がある」という。例えば5階の自住戸から、屋外で遊ぶ子どもへの声かけも可能であり、高齢の親や幼児など家族メンバーの動きも目視観察できる。よく、中層の住戸ベランダから、母親が遊んでいる子どもに、「食事の用意ができたから、帰っておいで」と声かけをしている様子を実際にもよく見受けた。これらは、中層住棟居住上のテリトリー（領域性）という点で、高層・超高層に比べ優れていることを示している。

人間関係の希薄化が進む団地でコミュニケーションを育み、防犯上も極めて大事なことであると考える。

また、経営上、戸数密度は重要要件であるが、中層住棟を使用することで、結構、密度を上げることもできる。これは経営上有利に働く。さらに、特に階段室型は耐震性・耐久性にも優れ、床面積あたりの工事費が安いことも好ましい。これまで多用されてきた所以でもある。

中層の変形版として、「準接地型住宅」もある。

戸建て住宅の接地性と中層の非接地性との中間的な形態を有する「準接地型住宅」も少ないが、建設された。例えば、2階建て住宅（メゾネット）が二層積層した形の4階建て住棟で、下層住戸にはグラウンドレベルに専用の庭を設け、上層の住戸には専用の庭として下層階の屋上を使って専用のテラスを設置する。画一的な住戸を脱し、低層集合住宅の提案の一部としてもとりあげられた。コミュニティ形成面での評価が高い。

③自然と親しめる低層住棟

日本の1万年の居住史をみても、カタチはいろいろあっても低層住宅に住み続けてきた。中高層居住は高々150年。低層居住の嗜好は、日本人のDNAに遺伝的に受け継がれてきていると思う。

UR住宅の低層住棟は中層や高層に比べ数は少ないが、「建て替え期」の初期あたりまでは、比較的多用された。UR住宅としての低層住棟は、「戸建て」ではなく「テラスハウス」（西洋長屋）であった（当初の10年間で約2万戸）。テラスハウスは、低層住戸を水平方向につなげて連棟にしたもので、上下に他人の住戸がない形態のものだ (注3)。

テラスハウスは、1〜2階建てが主である。

何よりも屋外の地表面に近いことが重要でありメリットだ。このことから、屋外の自然や緑、草花、そして犬や猫、小鳥や昆虫に容易に接す

ることができ、子どもの情操教育上好ましい。日常的に隣り近所との交流も行いやすく、コミュニティの形成面でも中層や高層に比して優れている。また、地震などの災害時には、避難がたやすい。かつ、上下に他人の住戸がないことから、音や水漏れなどの心配が要らないことも、メリットだ。このように、暮らしの面からみればいいことばかりである。

ただ、経営採算上逆に問題だ。

低層住宅しか建設できない地域・敷地であれば別だが、中層住宅に比しても容積率が低くなり、住戸数が多く確保できないことで、戸当たり用地費用（用地の購入と造成関係の費用）が割高になる。また、1〜2階建てであり、戸建て住宅同様、防犯性能は中高層に比べ低い面もある。外部への開放性が高いことは、防犯性は逆に低下するので、方法はいろいろあろうが、隣り近所との付き合いを深め、共同で対策を考えておくことが望まれる。

このような、暮らしにとっては優れていて、経済性が今ほど重視されず、敷地面積あたりの戸数密度をそれほど気にすることはなかった「マスハウジング期」の初期の頃には結構採用された。建て替えにおいては、その容積率の低さが建て替え後の戸数を稼げることになる。

ただ、少なくとも、残っているURの低層住棟については、きちんと保全し、もし再生しなければならないなら、除却して建て替えないで「リニューアル」で対応すべきではなかろうか。

（注1） 当時、国会でも取り上げられたが、公営住宅より家賃の高い勤労者向けのUR住宅には浴室を設置すべきだ、という提案があった。当時の都市住宅では、公営住宅も含め「内風呂」は少ないが、各住宅に風呂を導入することは、都市市民・勤労者の要求でもあった。と同時に、原型になった公営住宅「51C型」は2DKであるが、狭いDKであると食事と就寝の分離が困難である。UR発足当初の「2DK」ではこの二つのことに「51C型」より広い1坪分を使ったわけだ。暮らしの基本行為である食事、就寝、入浴の安定化のため、住宅政策面での文化的配慮でもあった。（chapter1 参考文献1）

Chapter 5　多様な住戸・住棟のデザインと暮らし

（注2） この頃、住宅研究者の間でも「標準化」と「多様化」がテーマに上がっていた。住宅の建設側、特に直接建設するGコンや設備メーカーなどからすれば、「標準化」して、同じものを大量に造る方がメリットが多い。ところが、需要層・勤労市民側からすれば自分の要求にフィットした住宅が欲しい。つまり「多様化」を支持する。この矛盾をどう解決するのか。URもそのデザインチームもこの矛盾の解決に悩んだわけである。その解決の一策として、「汎用設計」が出てきたといっても差し支えなかろう。

（注3）テラスハウス団地「藤沢台第五団地」

①団地の概要

場所：大阪府富田林市、都心（難波）までおよそ1時間

入居：1985年　住棟：RC造2・3階、57棟　住戸：219戸　床面積：84〜99㎡

　URによる基本的類型は「ストック活用」。周りは、中層住宅を中心にした、公・民による賃貸と分譲の団地群と緑に囲まれた住宅地である。周辺の整備された道路体系等から、団地周辺はあたかもニュータウンのような景観となっている。近くには大規模ショッピングセンターなど、生活関連の施設は豊富だ。

②コメント

　当団地では、4〜6戸の住戸を一棟として、いくつかの住棟をグルーピングしながら、南面させ平行配置にしている。全体はほぼ平坦な敷地であり、シークエンス（景観の連続性）に変化をもたせるために、多くの棟を水平・南北方向に少しずつ、敷地や歩行者路に沿わせてずらしている。逆にずらすことで、団地内の歩行者路が緩やかにカーブを描き、歩いていて風景が変化し面白い。団地の内部には木々も茂り、住棟が見え隠れする。車の進入がなく、ゆったり会話をしながら歩くことができ、子どもにとっても安全だ。車の走行については団地内にループを描いて細街路を一本通すことで、団地内には入ってこない。

　住戸は一部3階建ても交えながら2階建てが主である。低層のメリットであるが、天空率（天の空がどれだけ見えるか）が高く、これも歩いていて空が広く大きく見えて気持ちが良い。

135

40年あまり公団賃貸住宅に住んで
千里ニュータウン

O.K.（男性）　居住期間：1973年～

　私は結婚後、現在に到るまで40年間あまり公団の賃貸に住んできました。そして、これからも住み続けるつもりです。住んできましたのは千里ニュータウンです。前半は豊中市域、後半は吹田市域の団地です。

その1　昭和51年までの4年間

　新千里東町団地（昭和45年管理開始、管理戸数1,522戸、11階建て3棟、他は5階建て）、住棟配置ゆったりめ、万博期間中、出展国のスタッフ用宿舎として使われたそうです。住んでいましたのは、5階建て中廊下型（1階6戸とピロティ、2階以上12戸）の1DK、3階、東側、妻面。6畳とDK、バス・トイレはワンルーム、瞬間湯沸器2系統でバス・台所に給湯、畳サイズやや大きめ。長男が3歳の頃だったか、外で遊んだ帰り、直下のお宅に誤って入っていったことがありました。おつきあいは似た家族構成のお宅程度。自治会はあったのか、広報はありませんでした。最寄駅が千里中央、新大阪も伊丹空港も近く高速道路も便利、ただし私は車はやらず。

その2　平成9年までの21年間

　昭和51年、次男誕生、住宅変更制度の抽選で幸運にも近くの2DKに移住。5階建て、階段室型、3階段、30戸の3階、非妻面、南側6畳、DK、北側4畳半、バス・トイレ（分離型）給湯は1DKに同じ。子どもが除々に大きくなり、私の専用スペースをDKの片隅等に作ってみたりしながら3DKへの住宅変更を申込み、何度も抽選漏れを重ねました。住戸の南側は広いオープンスペースで、息

COLUMN

子たちとサッカーやキャッチボールができました。ある時、猫が1匹我が家に居つきました。2、3年いて、ある日突然いなくなりました。出かける時は玄関扉前でニャー、戻って来ると同扉外でニャー、しっかり住み慣れていましたのに。さばとら白の美男子でした。同じ棟に同業者が2人いて、時々家族ぐるみで飲み会など。自治会は存在すら不明。

平成7年1月、阪神・淡路大震災、南北方向に揺れたせいか、揺れ方向に置いていた棚の食器は無事で、壁式構造の骨組みも大丈夫でした。そうこうしている内、3DKへの住宅変更の抽選に当たりましたが、長男が自立し家族数減、団地も吹田市域の青山台団地へ。

■■ その3　平成9年から現在までの17年間

青山台団地（昭和40年管理開始、管理戸数1,846戸、飛地11階建て1棟の他は5階建て）、前の団地より古い団地。青山台中の正門前の5階建て階段室型、3階段、30戸、1階、非妻面、南側6畳、DK、4畳半、北側4畳半、バス・トイレ（分離型）前の団地よりも畳サイズ小さく、バスへの給湯はバランス釜、台所は瞬間湯沸器給湯でした。しばらくすると次男も自立、妻は南6畳とその続きの北4畳半をほぼ専有、妻専用の納戸の如し。南4畳半はかろうじて私の書斎。何のことはない、憧れの3DKが夫婦2人でちょうどとは。いつだったか空き巣に入られました。DKの掃き出し窓のガラスを破りクレセントをはずして侵入、荒らされましたが、金目の物なくガラス破損の他被害なし。おかげで失くしたと思っていた物が出てきたりして。その頃、近辺でも空き巣が頻発していたらしく、その後は窓はすべて二重ロックに。その前後にスチール製のサッシをカバー方式でアルミサッシに。また外壁修繕工事もありました。工事中は足場やシートがあり少し室内が暗いのを辛抱しました。さらにベランダの手すり、玄関扉、屋内配管等の鋼製部分の塗り替えもありました。さすがは公団。定期的な保全工事だそうです。自治会もちゃんとあり、広報があり、それだけに役員も時に

はしなければなりません。そんな中、数年前、公団が団地の一部を建て替えて高層化すると言い出しました。建て替え後の家賃は高くなります。それは家主の都合に過ぎません。自治会は考えました。古くから住む店子が同じ家賃で住み続けられるようにという、ごく当たり前の自治会の総意。そのうち、公団はリニューアルで若い世帯を店子にと方針転換したのか、なし崩しのようです。

▌▌これまで公団賃貸に住み続けて感ずること

・2戸1化やメゾネット化等も取り入れて、もう少し広い住戸を一部設けては。

・減築の考えがあってもいいのではないか。そして多くは3階建てに、5階建て～11階建ては若い人向けのみでいいのではないか。

・屋上で太陽光発電をしては。

・トイレの排水は節水型にしてはどうか。

・同じ地域の団地で、公営住宅の一部建て替え高層化、残地売却が進んでいるようですが、いかがなものか。そのうち、ニュータウンに多い公園、緑地が都市計画変更で宅地化され、既存市街地との比較で劣等平均化されるのでは、との危惧を抱きます。

　公団賃貸に住み続けて、しみじみ感じます。

　集合住宅は公的賃貸であるべきで、市場に委ねず、金融政策・土地政策・景気対策にリンクさせず、それらから切り離し、長期的視点に立った住宅政策に基づいてなされるべきではないかと感じられます。ましてや、区分所有の集合住宅は、あやういかぎりで、これは少なくとも所有権を利用権に切り替えないと近い将来とんでもないことになりかねません。このままでは遠い将来、この国は、だめになってしまうのではないか……。

chapter 6　水まわりのデザインと暮らしの革新

　戦前までの都市住宅のメインストリームは、低層木造であり、「水まわり」に関しても木材とごく一部の金属や石・陶器によって作られてきた。ところが戦後70年、みてきたように、高度経済成長下で、科学・技術の飛躍的な進歩とそれに連動した住宅産業・住宅設備メーカーの発展・成長により、住戸内水まわり設備も大きく革新された。と同時に、市民の暮らしのなかで、要求が多様化・高度化していったことが、メーカー側の技術的展開と促進への大きなインセンティブとなった。結果、今日見るような快適な"水まわりライフ"を送ることが一般化した。

　URはこの60年間、住戸内の水まわり（キッチン、浴室、トイレ、洗濯・洗面）においても市民やUR住宅居住者の暮らし、生活行動や要求の実態を調査し研究してきた。かつ、設備メーカーをはじめ、ガスや電気関連企業、給排水関連など多くの関係者と協働で技術開発し、実際の建設に生かしてきた。そのなかで、水まわりのデザインについても、公的立場を生かしながら日本の都市住宅で先駆的な実績を上げ、暮らしを大きく革新してきた。本章では、その実態を振り返ってみよう（本Chapter末の「年表」参照）。

part 2　UR住宅デザイン文化60年のストック

1　キッチンと暮らし

1　キッチンシステムとその変遷

①キッチンシステム

　古今東西、数多くの多種にわたる食材の用意と管理、食器・調理器具の管理、献立と料理、食事中の世話、そして後片付けなど、主婦や女性（近年は男性も）の労働は大変なものである。

　かつては、水栓のない流し台・調理台、薪によるカマド、そしてこれらが同じフロアにはなくコンパクトでもないことから、一連の料理作業は多大な人力が必要で、かつ動線は長く上下移動も加わる。労力、時間、利便性、衛生など多面にわたり、今のキッチンシステムと料理に関して、"天国と地獄"である。今日では、主婦だけでなく、家族のメンバーが積極的に料理を手伝い、皆で料理を作り皆で食事も楽しむまでに大きく変化してきている。

　我々が住む一般的な住宅の食事・料理関係スペースとしては、「LDK」「DK」や「K」（かつて住戸型として「nK」といったタイプもあった）があり、そこを主たる場として、日々の家族の食生活が営まれる。その空間としての「K」（キッチン＝台所）において、その物的な設備関係に着目すると、流し台（シンク）・コンロ台・調理台（UR初期にはこれら三者を合わせて「流し台」と呼称。本書では「一体化流し台」）・キャビネット（フロアユニット）、吊戸棚（ウォールユニット）、そしてカウンターなどの「構成要素」、及び給水・給湯・排水、電気・ガス、そして換気の諸設備などから構成されるキッチンのシステムが用意されている。

　キーワードとして「キッチンシステム」と"検索エンジン"にインプッ

140

トすれば、キッチン各メーカーの最新の商品ラインアップが多種多様に美しく表現される。また、メーカーのショールームに行けば、最新のキッチンシシステムが並べられ、ていねいに説明してくれる。目移りして選択に困るほどの品ぞろえだ。

　キッチンシステムを大きく分類するなら、熱源と機能面での配置の二つであろう。熱源でみると、都市ガスまたは電気で、圧倒的にガスが多いが、今や超高齢時代にあることと、キッチン周りをできるだけ汚さないということで火を直接扱わない電気による熱源も増えつつある。また、システム配置の型としては、L、U、Ⅱ、独立、アイランド、対面の各型が好みに応じて設置される。

②キッチンシステムの変遷

　●同潤会住宅のキッチン

　歴史的にみると、日本の都市住宅におけるキッチンシステムの大転換は、水道、電気とガスの供給・普及が大きな役割を演じた。かつて、これらが未供給の頃は、井戸水か汲み置きの水を使い木製（銅板などを貼ったものもあった）の流し台を使い、地べたに設えたカマド（竈：かまど）には熱源として「薪」を使用した。ガスや電気を熱源にするなどは思いもよらなかった。

　集合住宅では、1920年代の同潤会住宅あたりから、この大転換があった。同潤会の「nK型」住戸の狭い「K」には、「人研」製（人造大理石研ぎ出し。セメントの中に小粒の大理石などを入れ、研ぎ出した仕上げ）の流し台、ガス台の上には初期の「一穴型鋳物ガスコンロ」、そして電灯照明が登場した。同潤会住宅が建設されはじめたころには、他の一般的住宅の「K」ではまだ、上記の木製の流し台、カマド・スタイルであり、同住宅はキッチンシステムでも先端を走っていた。

part 2　UR住宅デザイン文化60年のストック

●「人研」から「ステンレス」へ

URの最初の「DK」のキッチンシステムには、当初「人研」流し台・ガス台が設置された。茶碗やグラスを落とすと即割れたり、清潔感に乏しく、今から見れば見た目もよくなかった。もちろん大量生産にも適していない。

そこで、考案されたのが、大量生産になじむステンレスの流し台だ。DKに、移動距離の最も少ない「ワンストップ」で料理ができる流し台・調理台・コンロ台を一体化したもの（「一体化流し台」）が諸検討の結果編み出された。もちろんこのステンレス・ワークトップ（天板）の導入とDKを導入・確定する過程では、食物栄養学の研究者や建築家のそしてキッチンメーカーの多大な苦労と協力があった。このあたりに関してはchapter 3–1–2で述べた、NHK・TVの看板番組でもあった「プロジェクトX　妻へ贈ったダイニング」にも、DKの誕生と共にステンレス流し台開発の苦労話等が語られている。

特に、開発に携わった本社の初代賃貸住宅課長（UR住宅の計画担当）で後のUR副総裁になった尚明が、真冬、北側にある土間のキッチンで妻が寒くて足踏みしながら、食事の後片付けをしている様子を見て、「UR住宅にDKを実現する」を決意するシーンが印象に残る（“物語”ではあろうが）。

このステンレス天板の「一体化流し台」の出現とセットになったDKの出現で、主婦なども料理関係の家事負担が大きく軽減され、以降日本のDKが不動の位置を占めることになった。

●KJからBLへ

UR住宅だけでなく、公営、公社も含めて大量の住宅建設を行うことから、当時の建設省は民間住宅も含め公共住宅部品の規格を統一することにより性能を高めかつ大量生産を行い、あわせてコストダウンも行う方針を打ち出した。「KJ部品制度」（1960年、公共住宅規格部品制度）

Chapter 6　水まわりのデザインと暮らしの革新

の登場である。設備のみならず建築関連部品も含め、公共の発注者側で数多くの住宅部品のスペックを決めて、生産者はその通りに製作するという制度である。例えば、上述の幅1800・高さ800（mm：建築設計関係の寸法はすべてmm）の「一体化流し台」が、KJのキッチン部品の一部として認定された。

　しかし、このKJ制度は、住宅部品に関して公的機関側が多くの情報を有して、コントロールしていた時期までは有効に機能していた。また、メーカーが育っていない時期には公によるコントロールの意味が大きく、大量生産にもなじんだ。しかしその後、民間の設備、建築、住宅などの関連メーカーが大きく成長し、企画力、技術力そして生産性も向上し、自由競争を求めていくとこのシステムは機能しなくなってきた。

　そこで、建設省は1974年に、性能だけを規定したBL制度（優良住宅部品認定制度）を発足させた（認定事務は「一般財団法人ベターリビング」〈BL〉）。これは、事務局のBLが、必要とされる品質・性能・アフターサービスなどを有し、自由に設計・製作された部品を認定するという制度である。認定された部品には、BLマーク証紙が貼付される（読者も一度、自宅の建築や設備の部品で確認されたらいかがだろうか）。これまで建設されてきたUR住宅には、このBL認定部品を数多く使っている。もちろんキッチンシステムもしかりだ。

●システムキッチンへ

「システムキッチン」は和製英語だ（欧米では「ビルトインキッチン」と呼称）。日本でシステムキッチンが一般化したのは1970年代で、ルーツはドイツのようだ。ちょうどその頃のことであるが、著者が40年前に西ドイツ・アーヘンのある家庭のキッチンシステムを見せてもらった時、「造り付けの家具」のようなキッチンシステムの立派さに驚きかつ感心した。

　さて、「システムキッチン」とは、「構成要素」を組み合わせ、共通な

143

材質・色・寸法も統一し作り上げたキッチンシステムである。ワークトップはステンレスで、流し台、調理台、コンロ台などを一体的につなぎ、幅も1800をはるかに超えて大型化している。もちろん、キャビネット、吊戸棚も含めて統一の仕様で作られ、多様なラインアップが用意されている。キッチンメーカーの展示場などに行くと、百花繚乱の観がある。もちろん料理の作業もスムースであり、清潔感があってキッチンに立つ女性などには人気だ。

　これらのことは多くの女性に認知され、わが女子大生も、システムキッチンが当たり前になっており、"キッチンシステム"といえば、"システムキッチン"のことを思い浮かべるようだ。

2　キッチンシステムの構成

①構成要素

●流し台・調理台

　URにおけるキッチンシステムの「構成要素」について、最も画期的であった点は「ステンレス一体化流し台の開発」である。

　「一体化流し台」を、大量生産によるコストダウンを可能にしてキッチン設備の一般的な仕様として定着させたことは、URデザインチームの大きな功績である。以降、日本での都市住宅の「一体化流し台」は大型化し、そのワークトップは、高級感もあって「人造大理石」や「ホーロー」も使われていたが、結局はステンレス製にほぼ収斂しているようだ。

　いったん定着した「一体化流し台」は、民間メーカーの商品開発力や技術力の向上に伴い、ユーザーの細かい要求を取り入れて機能やデザイン等の各側面において急速に洗練されていくことになる。流し台の寸法については、住戸規模の増大にリンクして、その幅が1800から大きくなっていった。高さについても、開発当初は800が基本であったが、その後女性の身長の伸びにより、現在では850が一般的となっている。

流し台や調理台の下部の収納（フロアキャビネット）や吊戸棚についても、開発当初は開き扉による単純な収納スペースであり、扉の表面材についてはベニヤ板に塗装という仕様が標準であった。時代とともに改善され、食器洗浄乾燥機、多様な引出し、包丁等調理器具・調味料容器等の置き場等々の工夫など、極めて細かい部分に至るまで改良がなされ、モデルチェンジも進んだ。表面材についても、「メラミン樹脂化粧合板」等も用いられるようになった。

●コンロ（台）

調理に使用する熱源は、現在に至るまでガスが主流であるから、キッチンシステムにはガスコンロが必須アイテムだ。

URでは、最初コンロは居住者が自ら購入し持ち込むものとされたことから、設備としてはコンロ台のみを設置した。また、コンロに載せる鍋やフライパン等の高さを考慮すると、コンロ台の高さは流し台より低くすべきであるが、当初URが開発したコンロ台は流し台と同じ高さであったため煮炊きするに、高すぎて不便であった。その後、当然改良さ

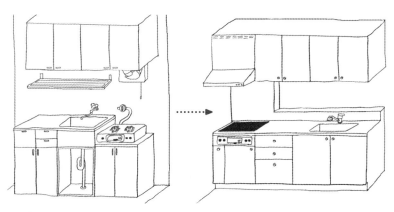

左図はステンレス一体化流し台（コンロ台切り下げ型）。その後、コンロや換気設備なども使いやすくなっていった。近年は右図のようなシステムキッチンが一般的。

れ、コンロ台は切り下げられることとなった。

　その後「システムキッチン」が普及していく中で、コンロ自体をキッチンシステムにビルトインする「ドロップインコンロ」も開発され、コストダウンも進んでいる。今やUR住宅にも取り入れられてきている。コンロ台に関しては、高齢者も多くなり、安全性の面でガス熱源は気になる。そこで、コンロの熱源を電気にして、「IHヒーター」「ハロゲンヒーター」「シーズヒーター」を当初から装備する事例もある。

　●その他の構成要素

　市民の料理や食事への要求が多様化・拡大することで住戸の大型化とともに、キッチンスペースも拡大していった。それに呼応するように、キッチンシステムの構成要素や関連設備機器も様々に商品化され増えていっている。例えば、大型冷凍冷蔵庫、電子レンジ、食器洗浄乾燥機、生ごみ処理、浄水器、キッチン組み込み型洗濯機などを組み込むことで、キッチンスペースの拡大化を促すことにもなる。

②関連設備

　●給湯設備

　料理や食器洗いに必要な「お湯」については、URの発足時には、風呂や洗面の給湯も合わせて熱源統一という考え方がなく、キッチンの給湯は単独で考えられていた。

　ガスコンロ同様、給湯設備は居住者が自ら購入することとされ、「瞬間湯沸器」を設置するため、あらかじめ、「一体化流し台」上部の壁面に下地板のみが設置された。その後、大型給湯器を室外に設置して熱源を一本化し、キッチン・浴室・洗面所・洗濯機置場の4か所に給湯することが一般化して現在に至っている。さらに、近年の賃貸住宅においても給湯器の能力をアップして、「L」や「DK」での床暖房化も進んでいる。流し台の水栓についても、当初は水と湯それぞれの別の水栓を設置して

いたが、混合水栓が一般的となり、さらにシングルレバーが一般化することで湯温の調整がより簡便にできるようになった。

　ただ、古いUR住宅をリニューアルする場合は、大型給湯器をバルコニーに設置すると、バルコニーの機能を確保しにくくなることから、キッチンの給湯は熱源を単独で室内に置かざるを得ない。そこで「レンジフード一体型給湯器」も開発されている。

●換気設備

キッチンにおいて、換気設備は必須条件である。

UR発足当時には、住戸面積が狭く、住戸平面の考え方もDS型（FS型とは逆に、奥行きに比べ間口が広い）を基本とされており、外気に面する部分が多かった。このようなことから、換気方法についてはコンロ台に近い壁面上部に「プロペラ型換気扇」を設けることが一般的であった。換気扇は直接壁面に設置されることから、コンロで発生した煙や臭気等を吸引する力は強くない。また、キッチンの換気扇周囲の壁面が汚れ、それを除去することも結構難儀だ、といった問題点もあった。このようなことから、コンロ台直上部に「レンジフード」を設けて換気する方式が一般化していった。

　DS型住戸の場合は、レンジフードで吸引した空気を直接外部に排気することが可能であるが、前chapter 5で述べたように、「FS型住戸平面」が標準的になってからは、キッチンは住戸平面の中央部分に設置されることになった。このことから、排気のためには長いダクトが必要となる。そして、ダクトを隠ぺいする「下がり天井」が生じざるを得なくなり、キッチンの排気ルートは住戸設計全体に大きな影響を及ぼすこととなる。排気ルートが長いと、梁を貫通せざるを得ない場合も出てきた。結局、キッチンを中央部に設けたことにより、そのコストは飛躍的に増大したと言える。加えて、入居後の換気扇を使用する時の電気代やそれらのメインテナンスの費用もかさむ結果となっている。

part 2　UR住宅デザイン文化60年のストック

② 浴室、トイレ、洗面・洗濯と暮らし

　前節で述べたキッチンシステムに関しては、単に料理だけでなく、家族のだんらん・食事や接客と密接に関わり合いがあって、設計面でも多くの検討を要し、神経も使う。これらの行為は、住戸内での主だった行為と密接に関係し、その実態やあり方は、個室での行為同様に多くの研究者の調査や研究の対象にもなってきた。またキッチンシステムについては、家事労働の軽減という観点からも、「K」や「DK」の空間のあり方と並行して調査研究もされてきた。

　ところが、同じ住戸内水まわり設備でも、浴室、トイレそして洗面・洗濯に関しては、少し後手に回ってきた感がある。それは、入浴、排泄、洗面、洗濯の行為が個人的であって、かつその空間使用の時間が短く、その必要スペースも狭い。このようなことにより、その実態、要求、あり方を検討することが不十分であったと思われる。

　しかしながら、近年、都市市民が暮らしの一層の豊かさを求め、浴室、トイレ、洗面・洗濯といった個人的な行為に関しても、必要な最低の機能だけでなく快適性を求めるニーズが高まっている。元来、日本人の特性である「風呂好き」「清潔好き」「身だしなみに気を使う」といった独自の暮らしの文化があることも、背景にある。

1 浴室と入浴

①在来工法から「浴室ユニット」へ

　戦前までは、気の遠くなるほど長期にわたり、日本の浴室・浴槽は木製であった。

　だが今や、UR住宅や集合住宅のみならず、一般の戸建て住宅にも採用され、ホテルや旅館でもFRP製（Fiber Reinforced Plastics 繊維強

化プラスティック。軽量・安価でもあり、身近な生活用品に多用）による「浴室ユニット」が一般的になっている。

　UR住宅においても当初は、在来工法（住宅の内装・造作工事の一環として浴室を作り、浴槽は既製品を使用する場合もあるが、洗い場は浴室と一体工事）の浴室であるが、浴槽は木製からスタートしている。

　しかし、まず浴槽については大量生産によるコストダウンや掃除のしやすさそして施工性も良いことなどから、FRP製に取って代わられた。さらに、浴室空間の方も、次第に浴室全体をユニット化してワンパッケージとする方式が一般的となっていった。在来工法で作る場合と異なり、床・壁・天井も「FRP一体成型」で作るため、安価であることに加え、納まり上防水性が高くなるとともに、在来工法に比べて経年劣化が引き起こすリスクも低い。これらの長所から、「浴室ユニット」は日本の住宅における浴室の基本形として定着した。

②バリアフリー化

　高齢化の進展が著しい。それに伴う住宅でのバリアフリー対策が求められるようになってからは、浴室のバリアフリー化も当然のごとく要求されるようになる。

　高齢者による住戸内事故の中で、最も危険度が高い場所は浴室内外である。浴室出入りの際のつまずき、浴室内での滑り、浴槽への転落、などである。浴槽内での溺死だけでも、年間3000人ほどもの事故死を数える。室内、脱衣、浴室での移動におけるヒートショックも多く、問題だ。

　浴室内での滑りに対しては適切な位置への手すり設置が必須であり、洗い場と浴槽間移動の際の転落防止については、浴槽の縁に腰かけて「お尻ターン」ができるような幅広縁かつ跨ぐ高さの低い浴槽が有効である。浴室内で倒れた場合に備えて扉のパネルを脱着式とすることもすでに一般化している。ヒートショックに対しては、浴室暖房や脱衣場床暖房な

149

part 2　UR住宅デザイン文化60年のストック

どが考えられている。

③快適な浴室空間へ

　浴室に求められる機能について、シャワー付きであることは基本である。

　これに加え、鏡や洗髪剤等入浴グッズ置場の設置など、浴室関連専門メーカーはユーザーの細かいニーズにこたえて商品開発を行なっている。また、浴槽への給湯に関しては遠隔操作盤による「自動お湯張り」「定量止水」なども標準装備になってきている。

　住戸規模の拡大に伴い、浴室の規模も徐々に拡大している。また、共働き世帯の増加等に伴う家事労働負担の軽減というニーズから、浴室ユニットに「浴室換気乾燥機」(「バス乾」)をビルトインし、浴室全体を洗濯物の乾燥室とする商品も開発された。近年では、美容や健康増進に良いということで「ミストサウナ」機能を加えたユニットも開発されており、より高度な付加価値を加えることも可能となっている。

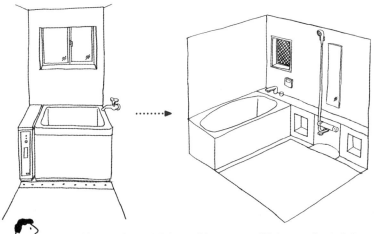

木製の浴槽から、左図のようなFRP製へ。そして「浴室ユニット」になり、その後バリアフリー化も進展。

Chapter 6 水まわりのデザインと暮らしの革新

いまや、UR住宅浴室の機能に関しても行き着くところまで行ったのではなかろうかと思われる。ただ、浴室設備関連メーカー側は、次の段階として浴室空間における一層の快適さを求めつつあるようだ。超高層住宅において、窓から夜景を楽しむことができる浴室などはその一例である。あるいは、浴室の狭苦しさを解消するために、出入口扉や隣接する洗面所の壁の一部を透明ガラスにして空間の広がりを感じさせるなどの企画も実施されている。

これらは、住戸内での浴室の"位置づけ"の検討やプライバシーと快適性のバランスの上に成立するものであるが、今後は浴室の設備的機能の向上よりも、むしろ新たなライフスタイルとの関連から住戸設計全体との関係の中で浴室空間の快適性の向上も考えられていくべきであろう。

2 トイレと排泄

①水洗トイレの普及

トイレについても、快適性の向上には目を見張るものがある。

戦後の公営・UR・公社の住宅建設スタート時点において、「水洗トイレ」が基本であったことが画期的であった。このことは、公共下水道の普及を背景に、排泄物の処理、排泄行為、トイレの位置を含め、日本のトイレの抜本的変革をリードすることになった。まさしく「トイレ革命」であったといえよう。

便器そのものについては、UR住宅においても従来の大便器をそのまま集合住宅に持ち込んだもの（「和式便器」）から、和式便器の床レベルを一部一段上げて、男女兼用にしたもの（「汽車便」）へ、と発展した。その後間をおかずに「洋式便器」（UR最初の導入は、当時の大阪支所設計課長が米軍宿舎のトイレをヒントに導入した）となるという経緯がある。

読者の方でも年配の人には記憶に刻まれていようが、洋式便器の導入

151

当初には、トイレ内に「使用説明書」をイラストで貼付するという措置がなされた。また、省エネが求められる時代になり、便器には節水機能も求められることとなり、少量の排水で汚物を流すことのできる「節水型便器」も開発され、現在に至っている。

②温水洗浄暖房便座

便器に求められる機能は時代とともに高度化した。また、一層の快適化も図られたが、特に画期的であったのは、「温水洗浄暖房便座」の出現であろう。

もともと、米国において開発されたものであるようだが、日本人の「清潔好き」にマッチし、「排泄行為を快適に」ということが堂々と主張されるようになった。機能についても、脱臭機能・自動洗浄・ビデ機能、そして着座センサー設置などの様々な付加機能が開発されるとともに、ノズル位置、水勢の調整、便座や水温等極めてきめ細かな改良が重ねられている。「必要だろうか?」と首をかしげるが、トイレに入室すれば、便器のふたが自動的にもち上がるものまである。

このような結果、日本では、温水洗浄暖房便座に関しては、個人の住宅だけでなくあらゆる建築物のトイレで爆発的に普及し、定着化へ向かっているようだ。

③バリアフリー化

他の水まわり設備同様に、トイレについてもバリアフリー化が求められる。

具体的には、車イス使用と介助スペース確保、立ち座りを補助する手すりの設置等である。車イス使用によるトイレの出入りには引戸が好ましいが、やむなく開き戸とする場合も多い。また、介助スペースを確保するということは、トイレ内に2人が入ることを想定するものであり、より広い面積を必要とする。

④トイレの位置

戦前の住宅でのトイレの位置については、まず、農家においては人間の排泄物を農業用肥料に使うこともあって、屋外の庭に設置されたと思われる。農業生産の必要性からとはいえ、屋外でのトイレ行為は、地方の農村に行けば今でも皆無ではないが、思えば大変な"苦行"である。

都市化と共に都市部での住宅が増えたが、そこでは、肥桶を使うかバキュームカーを使うか別にして、汲み取り方式が一般化した（京の町家のトイレは奥にあり、"通り庭"にはその機能も含まれていた）。いわゆる"ぼっとん便所"である。この場合のトイレはどうしても住戸の周辺部に設置せざるを得なかった。

そして、公共下水道が整備されるなどして、水洗トイレ化が進むことにより、排泄物を下水に流してしまうので、汲み取りが不要で臭いも基本的にはない。述べたが、公営・UR・公社住宅については、当初から水洗トイレが標準装備であり、トイレの位置は堂々と住戸平面の中央でもなんら支障がない。当たり前とはいえ、集合住宅の設計でもその位置に悩まなくてすんだ。

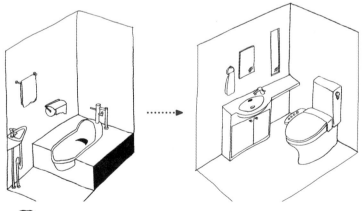

住宅建設スタート時点に、「水洗トイレ」を基本にした。左図の「汽車便」等から大進化して、右図のような温水洗浄暖房便座も登場。

part 2　UR住宅デザイン文化60年のストック

3 洗面と洗濯

①「壁掛け」から洗面化粧台

　UR発足当初は、洗面のための設備としては、いわば"手洗い用"のようなごく小型の「壁掛け洗面台」があるだけであり、もちろん温水もなかった。鏡も居住者が自ら設置することとなっていた。

　しかし、トイレ同様にその後のニーズの高度化・多様化に合わせて洗面のための設備も急速に発展し、商品開発が進んだ。洗面器そのものも大型化し、化粧もできるように洗面用具や化粧品等の収納スペース及び鏡・照明と一体化したFRP製の「洗面化粧台」が出現。その後仕様も多様化した。かつ住戸規模水準の上昇とともに、洗面化粧台の大型化も進み大型鏡・三面鏡も設置された。水栓についても温水との2ハンドル水栓となり、さらに「シングルレバー混合水栓」が標準的な仕様となった。

　また、若年層を中心とする「朝シャン」の出現に伴うニーズに応えるべく、洗面所で簡単に洗髪できるよう、大型ボウルにホース付水栓を設置した「洗髪洗面化粧台」も出現して今日に至っている。ブームは去った感はあるが、根強い人気で、大型ボウルは小物の洗濯にも役立っている。

②洗濯機置き場と防水パン

　日本における「電気洗濯機」の一般住宅への普及が始まったのがURの発足とほぼ同時期であった。

　このことから、UR住宅においては、長い間「洗濯機置き場」は想定されず、洗濯機を購入した居住者は各自洗面所等に置いた。洗面台の水栓などから取水し、排水は浴室洗い場に流して洗濯機を使用するのが一般的であった。洗面所が狭い場合には玄関ホールに置かざるを得ない場合もあった。あるいはまた、南側のベランダにおいて、キッチンから取水し、排水は雨樋に流すという事例も見られた。多くの団地で、「雨水排水」と洗濯排水のような「雑排水」とは「分流式」の場合が多く、洗

154

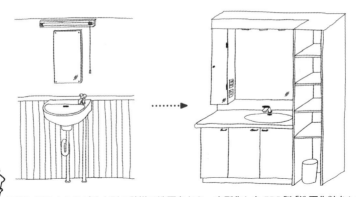
手洗い用のようなごく小型の壁掛け洗面台から、大型化したFRP製「洗面化粧台」へ。

濯排水を雨樋に流すことは、一般には違法であったが……。

　1970年代になると、UR住宅においても洗濯機置き場を想定した設計を行うこととなった。必要な寸法を確保するとともに、専用の水栓、排水口及び洗濯機からの漏水を一時的に防止する「防水パン」が設置されることとなった。

　住戸設計上は、洗濯機置き場は洗面所内の洗面化粧台や浴室付近が一般的である。水まわりを集中させるという点では合理的な考え方である。ただ、共働き世帯の増加等による家事労働の合理化・効率化といったことから、その対策として以下のような二つの方法が増えつつある。

　一つは、洗面所内に洗濯機置き場を設ける場合でも、キッチンから（廊下に出ることなく）直接洗濯機置き場に出入りできるショートカット動線を確保すること（「ツーウェイ方式」）である。もう一つは、キッチンシステムの横に洗濯機置き場を確保することで、夜間に食事の支度や後片付けをしながら同時に洗濯もできることである（「ながら家事」）。

参考文献
1) 和田菜穂子『近代ニッポンの水まわり――台所・風呂・洗濯のデザイン半世紀』学芸出版社、2008.9
2) 日本生活学会『生活学　台所の100年』ドメス出版、2004.3

UR住宅・デザイン関連年表

	団地配置	住戸・住棟	住戸設備
1955〜1964	59：団地設計検討会 60頃：造園設計指針、要領 66：道路通路設計要領	55：標準設計、食寝就寝分離提案 58：PC工法、コンクリート防水 59：スチール建具 60：住宅設計要領 62：アルミ建具 63：全国統一標準設計、量産試験場 64：PC工法実験プラント 64：公共住宅標準詳細図集 65：団地高層第一号（千里竹見台） 68：HPC工法、SEダクト、団地サイズ解消	55：人研流し、木製風呂、和風兼用便器、壁掛け型洗面器 60：KJ制度、プロペラ型換気扇 58：ステンレス流し台 59：洋風便器全国へ 65：BF釜 67：床置き型洗面器、ロータンク型洋風便器
1965〜1985	72：周辺融和 77：需要対応設計 78：中水道せせらぎ 76：地域対応の団地設計要領 81：地下浸透工法 85：団地内道路歩車共存道路の計画設計指針 86：建て替え事業	65：高層住棟採用 69：間仕切りパネル 71：8階建て壁式構造、14階建てHPC 72：4寝室型（老人対策） 73：最後の標準設計、ペア住宅、KEP 74：BL制度 75：リビングアクセス 76：メニュー方式 77：民間開発工業化住宅、外断熱防水工法 79：ニューモデル中層、KEP住宅、ソーラーバリアフリー住宅、㎡型住宅 80：キャラクタープラン、ニューモデル高層 81：高齢者身障者対策 82：二戸一改造 83：壁式ラーメン構造 85：フリープラン賃貸、家具付き住宅 85：性能発注、ライフスタイル対応、αルーム、ストリートハウス、中層増築	70：浴室防水パン 72：給湯シャワー付き風呂釜 73：ホーロー浴槽、電気設備設計要領 74：BL制度 75：暖房給湯、FRP浴槽 76：BF型給湯器ユニット 77：キャビネット型洗面器セット 78：床暖房、バス乾燥 80：K専用の吸気口設置、多機能便器試作検証、レンジフードファン（この頃） 83：全電化住宅 84：システムキッチン
1986〜2000	92：環境共生住宅 03：環境共生住宅認定 06：パブリックアート	86：21モデルプロジェクト、詳細設計図集 90：シニア住宅、シルバーハウジング募集 96：長寿社会対応 96：コスト低減モデル実験住宅、ユーメイク 98：KSI住宅実験棟	88：ライフアップ（設備等の改善） 90：コージェネシステム

＊UR資料から作成

Chapter 6　水まわりのデザインと暮らしの革新

（松戸市立博物館で撮影）

157

UR高優賃住宅に住んで
（新千里北町）

Y.I.（男性）　居住期間：2008年〜

■ 入居の経緯

　千里ニュータウンができてから、大阪の若者の憧れの住宅地となりました。大阪府営住宅、大阪府住宅供給公社、公団住宅等千里ニュータウンであればどこでもよかったのです。

　当時は、入居の抽選倍率が250倍程あり、抽選に当たることが夢でした。1974年大阪府住宅供給公社の空き家抽選に当たった時は、天にも昇ったようでした。その時からここを終の住処と決めました。2008年、大阪府住宅供給公社は、土地を売却する目的で千里ニュータウンの11団地を建て替えるとして、住民を千里ニュータウンから追い出しました。

　何としても千里ニュータウンに住み続けたいと思い、UR新千里北町団地に移転しましたが、私と妻の年金を合わせても7万円台の家賃は大きな負担でした。70歳では仕事もなく家賃の支払いに悩んでいましたが、運よくアルバイトに雇ってくれる会社がありホッとしました。と思う間もなく会社が傾きアルバイトは即解雇され、また家賃の悩みが始まりました。そんな時「高優賃」の制度があることを知り申し込みましたが、新千里北町団地では月に1件しかありません。倍率も80倍前後と聞いていましたが、運よく3回目の申し込みで当たりました。二度目の天に昇りました。

　家賃は4万円台で、ホッとしました。引っ越して1か月、妻が大腸がんの重度の状態で入院、医者からは予断を許さないと言われあきらめていましたが手術は成功、胸をなでおろしました。この2年間、「塞翁が馬」を体験いたしました。

COLUMN

■ 私の桃源郷

　新千里北町団地は、千里ニュータウンの真ん中「千里中央」から北へ徒歩5分の好立地の場所です。千里中央は、ホテル、百貨店、スーパー、大型家電量販店、映画館、豊中市支所、公民館、図書館その他文化センター、様々な飲食店等、私の家からすべて徒歩10分の距離です。北大阪急行千里中央駅からは、伊丹空港へ15分、新幹線新大阪駅には15分、梅田へは20分の交通至便の場所です。

　日本の大型団地で、このような好立地の団地は他にありません。千里ニュータウンは、全国一の高齢化率の高い団地と言われておりますが、住民の大半がここを終の住処と考えておられるようで、言い換えれば日本一人気の高い団地と言えましょう。

　私の家は、新千里北町団地の一番南、千里中央駅に徒歩5分の場所です。南側の道路との間にこんもりとした植込みがあり、窓を閉めていれば道路の騒音はほとんど聞こえません。団地全体が南側にゆるい傾斜の土地に、緑の多い棟間隔の広い5階建ての中層住宅です。台風、地震、豪雨、がけ崩れ等の災害には全く心配のない団地です。団地の中を散歩していると、郊外の町を歩いている感じです。団地の周辺は、毎日ジョギングや散歩をする人が絶えません。

　私は永年、北大阪方面をエリアとして不動産業を営んできましたが、これ以上の住宅地は思い当たりません。今の私には「桃源郷」です。

　高優賃の住宅は、1階か2階に設定されていますが、私の住宅は1階です。将来足が弱ってきた時のことを考えると、1階が望ましいと思っていましたのでほっとしました。室内はバリアフリー仕様、3Kの間取りも南向きで日当たりもよく申し分のない住宅です。

　今まで住んでいた大阪府住宅供給公社の住宅や、友人の住んでいる府営住宅と比べて、室内の設備や器材はずっと充実しています。これが憧れの「公団住宅」だと実感しました。

大阪ガスセキュリティの緊急通報システム（有料）も設定されています。高優賃住宅には、入居条件としてこのシステムが設定されているのです。妻が大腸がんで倒れた時もこの装置のボタンを押し、大阪ガスセキュリティから救急車を呼んでもらいました。緊急通報のボタンは、室内の中央と寝室、浴室、トイレの4か所あります。なんとも有難い安心住宅です。

　ただし、問題も発生しました。私はインターネットを利用し、E-mailを使用しています。高優賃の緊急通報システムは、通常の電話回線を利用しているため、インターネットの回線と混線し、インターネットがつながらない状態が度々発生しました。パソコンの専門家に直してもらったのですが、今度は緊急通報システムが誤作動して警報音が発生するようになりました。パソコンの専門家と大阪ガスセキュリティの技術者に立ち会って調べてもらったのですが、原因は解らないとの結論でした。こんな状態では、緊急通報システムの意味がないと大阪ガスセキュリティに苦情を申し入れたのですが、そんな時は119番してくださいとのこと。なんじゃこりゃ！

　何十年か昔、歳を取れば郊外の静かな住宅地で余生をおくるのが理想とされていましたが、実際は歳を取るほど若い頃の思い出を求め、都心の繁華街の近くに住みたいものだそうです。後期高齢者となった今、健康でいられることはもちろん、毎週、家から徒歩5分の千里老人福祉センターや図書館を利用しております。都心の繁華街と隣接した新千里北町団地に住んでいることは無上のよろこびです。

part 3
UR住宅再生デザイン文化

chapter 7　URの団地再生動向
chapter 8　UR住宅再生デザイン文化構築

part 3　UR住宅再生デザイン文化

chapter 7　URの団地再生動向

1　URの団地再生政策

1 「UR賃貸住宅ストック再生・再編方針」

① 「団地再生」方針（1986年）

　URは、1986年に「団地再生」の方針を発表し、建て替え事業に乗り出した。

　以来、chapter1-2で述べたが、UR住宅については「昭和30年代建設は順次「建て替え」、昭和40年代建設は住戸の増改築・大型化、設備更新などの「改善」、昭和50年代建設は「保全」で対応」という建設年代で分類する方針であった。その後については、まず30年代建設団地を対象に、「建て替え」という事業手法のみで進めてきた。

　この、過去30年間におけるUR建て替え事業では、次のような多くの諸問題が発生した。

Chapter 7　URの団地再生動向

❶戻り入居と新規家賃の高額化

　建て替え事業時まで住み続けてきた家族が、戻り家賃の高額化のため戻れない。あるいは、建て替え後に戻り入居したものの、年々高額化する家賃に耐え切れず、やむなく退去する。さらには、建て替え後の新規住宅に新規入居した若年層家族が、家賃負担に耐えきれずしばらくすると退去するという事例もある。

❷コミュニティの破壊

　述べたように、建て替え後では、団地に戻る入居者、退去する旧居住者がいる。そして、建て替えで残地を生み出し、そこには民間業者によるマンションや戸建て住宅などが供給され、これらへ入居する人たちもいる。一気に団地内居住者が入れ替わり、以前長期間にわたり培われた居住者間交流・コミュニティが、短期間で寸断される。コミュニティの破壊は深刻であり、修復も困難である。例えば、建て替え後の戻り入居者にインタビュー調査を行うと、「かつて長期間にわたって創り上げられてきた"絆"が寸断され、孤独に陥った」というなげきも聞かれる。

　30年、40年かけて創られてきた居住者間の付き合いは、壊すのは簡単であるが、再構築するにはその時間がまた必要だ。お金には代えられない、重要な社会的資産を失うことになる。このことには、もっと注目すべきではなかろうか。

❸居住者の再生への不参加

　URの建て替えは団地居住者の意向を斟酌しない、もしくは話し合いを十分にはしないという建て替えの進め方により、最後は裁判に訴えざるを得ない建て替え団地も少なからずあった。居住者もそうであるが、UR側もできれば避けたいところだろうが、結局多くの無駄なエネルギーを使った建て替え事例も多い。

　一方、建て替えは避けられなかったものの、居住者・自治会の参加により、URや自治体などと協働で事業を進めた先進的事例がある。居住者の団地再

163

生への参加は極めて大事である（chapter3　参考文献8、9）。

❹建築物の除却と廃棄

　建て替え事業により、まだ使い続けることができた数多くの住棟・住戸そして屋外空間の生活関連施設などが除却されてしまった。実に"もったいない"事態が1986年以降続いている。

❺景観問題

　建て替え前と異なり、高層・高密化しかつ立体駐車場等の設置により、"息苦しい空間"（ある団地居住者の声）になった事例が多い。建て替え後の団地では、「団地内が見通せない」「空が見えない」「自然がなくなった」といった団地空間への批判も聞く。防犯上もよくない。かつては、UR住宅ばかりの緑豊かなゆったりとデザインされた団地空間であった。が、建て替え後は民間の高層分譲マンションや戸建て住宅も入り混じり、"統一した美しい景観"とはいえない団地に変貌している。団地の全体的居住性や景観面でみて、建て替えのデザインされた空間が、本当により優れたものになったのか、疑問が残る団地が多い（chapter4–1）。

②「再生・再編方針」（2007年）

　建て替えがメインの団地再生が20年経過したところで、2007年末に「UR賃貸住宅ストック再生・再編方針」（「再生・再編方針」）（参考文献1）が、公表された。整備方針の骨子は、全団地（77万戸）を「団地再生（建て替えと集約）」16万戸、「ストック活用（既存のまま有効活用）」57万戸、「用途転換」1万戸、「土地所有者への譲渡、返還」3万戸に分類し、かつ、団地個別の再生方針を確立した。ただ、1986年以来の「団地再生」同様、基本的手法は建て替えであることには変わりない。

　以降この10年近くは「再生・再編方針」によって建て替えが進められ、それによる団地再生は進んできた。その結果、2006年度末に77万戸程あったUR住宅が、2013年度末には75万戸と約2万戸減少した。これ

は、「建て替え」「集約」「用途転換」「土地所有者等への譲渡返還」により、約38千戸削減され、建て替えられて増加した住宅約18千戸の差引戸数である。ただ、「再生・再編計画」では、2018年度末（平成30年度）までに5万戸を削減する計画であるが、40％しか進んでいない（参考文献2）

　この方針は現在でも生きているが、同時に一層の民間的経営強化方針のなかで、「再生・再編方針」は見直しの動きもある。以下、その実態をみよう。

■2 今後の団地再生方針

　「はじめに」でも紹介したが、第二次安倍政権が2012年（平成24年）12月に発足してからは、民主党政権時代に提案されたURの分割民営会社化は反古にされ、独立行政法人として継続されることになった。しかし、現実はというと、公的強化の方向ではなく民間的経営の一層強化の流れにある（2013年12月閣議決定）。

　その基本方向が、2014年3月に発表された「URの改革の取り組み（第三期中期計画（以下「中期計画」）、経営改善計画及び内部組織改編について）」（「取り組み」）（参考文献2）である。今後のUR事業展開を知るうえで重要な資料である。そして2015年3月には、「UR賃貸住宅ストック再生・再編方針に基づく実施計画」（「実施計画」）（参考文献3）が発表された（2007年末の「再生・再編方針」の改訂版）。一方、2015年2月、URから高齢者居住に関する施策である「超高齢社会におけるURの取り組みについて」（参考文献4）が出された。

　「中期計画」と「実施計画」も合わせて、これら3つの取り組みや計画は、今後のURの団地再生を方向づける重要な基本文書である。以下、これらの関連部分を読み解きたい。

part 3　UR住宅再生デザイン文化

①「中期計画」について

●URのミッション

本「中期計画」は2014年4月からのUR全体の5ヵ年計画である。

その「別紙1」の冒頭部分に、URの基本ミッションとして「機構は、国の政策実施機関として、少子高齢化、社会の成熟化に伴う国民ニーズの変化に対応し、ハード中心の施策からソフト施策に軸足を移し、真に経済成長や国民生活の向上に最大限貢献する法人に質的に転換することが求められている。」とある。この中からキーワードとしてピックアップするならば、「国の政策実施機関」「ハードからソフト」「経済成長」そして「質的に転嫁」であろうか。

「中期計画」全体の内容と合わせて読むと、以下のようなことがわかる。

まずは、国の政策実施機関であることを明確にしているわけであるが、公的立場が残っていることの表明でもある。次いで、「ハードからソフト」であるが、団地再生分野においても、今後は物的な建て替えは控え、ソフト対応にウエイトを置くという方向の提起である。ソフト施策展開を狙って、これまでの「団地再生部」が「ウェルフェア推進事業部」(注2)に組織改編されたが、ここにもその方向性が表れている。

しかしながら、やはり「国民生活の向上」よりも「経済成長」が先に表現されているように、経済面の重視姿勢は変わらない。もっと居住者や市民の暮らしや住生活面での要求を把握し応えていくことが、望まれているのだが……。最後に、法人としての「質的転換」、つまり、「職員はもっと民間的経営感覚をもて、URの姿はともかく中身は民間であることをもっと意識せよ」、ということであろうか。

●団地再生の方針

団地再生の方針は、「別紙1」5ページの「2　超高齢社会に対応した住まい・コミュニティの形成及び個別団地ごとの特性に応じたストックの再生・再編等の推進」に書かれている。基本方向は、2007年の「再

生・再編方針」を踏襲するが、「(2) ストックの再生・再編等の推進等」
が新たな方針として提起されている。この「(2)」の冒頭部分が重要と
思われる。

　まず、「ストック住宅の圧縮」があげられている。ストックの圧縮と
は住宅「削減」のことであり、"残地"を捻出し、売却することで収益を
得ることを狙いとする。この事を継続することでUR経営問題の重要事
項である「繰越欠損金」と「有利子負債」（2012年度末で12.7兆円）
の削減に寄与しようというわけだ。

② 「実施計画」について
　「実施計画」では、「4.ストック再生・再編方針に基づく実施計画」が
重要だ。

　この部分の「まえがき」では、「……賃貸住宅の運営を将来にわたっ
て安定的なものとしていかなければならない。」とし、そのためには「……
団地ごとの収益性に着目した投資の実施や同一生活圏等のエリア単位で
の団地の再編によるストックの再生・再編等を加速する等の視点を加え
た実施計画を策定する。……」とある（下線は筆者）。ここには経営の
一層強化が読み取れる。

　以下、この実施計画「まえがき」部の下線部2点について検討しよう。

❶ 「団地ごとの収益性」
　まず、すべての団地（75万戸）について、「政策的役割」「収益性」及び「将
来の需要動向」に配慮することで団地を評価し、2つのグループに分ける。
1つのグループとして、今後積極的に投資する団地で約47万戸を選定する。
その方向としては、建て替えやストック再生方策が主に考えられる。47万
戸のなかには、東京都心部立地の用地などであろう、特に収益性が高く集
中的に投資すべき17万戸が含まれる（例えば、「比較的新しい東京23区の
団地は約2万戸で、約200億円の営業利益を稼ぐ物件」（参考文献5）との記

述があるが、この2万戸が17万戸の内数でもあろう。このような団地のことを指していると思われる）。今後、収益が期待できる団地と判断できるものとしては47万戸あるということだ。

　また、2つ目として今後の需要等をふまえ、エリア単位での団地再編や団地内での「集約」により、団地を削減していくグループで、28万戸が考えられている。このなかで、郊外型・大規模団地で住宅需要が見込まれなければ、「お荷物」として削減していくという団地も多く含まれる。

❷「エリア単位での団地再編」

　「再生・再編方針」にも、「集約」というすでに実施されている団地再生の方法がある。これをもっと拡げて、同一生活圏内での離れた団地間においても「集約」を行なう。再生・再編を一層推進し、上述「ストック住宅の圧縮」の方針を具体化し、住宅戸数の削減に寄与しようという考え方である。つまりいくつかの団地を「集約」によって、エリアごとに「団地統廃合」を行おうというものである。さらに、周辺に適当な団地が見当たらない場合には、近接する鉄道駅の近くで用地を手当てし、建て替え事業の受け皿用のUR住宅を建設するという「都市再生機構法改正案」が成立した（2015年6月）。

③URの高齢者居住支援

　URから、2015年2月に「超高齢社会におけるURの取り組みについて」（参考文献4）が発表された。

　これは、今後の超高齢社会における取り組みの基本方針を提起してもらうために、2013年4月に設置された検討会（座長：辻哲夫・東京大学高齢社会総合研究機構特任教授）の報告に基づき、URが策定したものである。上記の「中期計画」のメインの柱である超高齢社会への住まいとコミュニティのあり方を実践していくべく組織の改編を行ない、その方向を具体化していくための指針である。

　具体的イメージとして、「……団地を中心にして、住み慣れた地域で

最期まで住み続けることができる環境を実現するため、地域医療福祉拠点の形成を目指し、……地方公共団体・自治会等の地域関係者、民間サービス提供事業者と連携して総合的に推進します。」と書かれている。目玉は、地域医療・福祉の拠点作りにあるが、今後全国で100団地ほど整備を進めるということで、すでに東京圏、大阪圏などで23団地においてピックアップされ着手されつつある（次節の「豊四季台団地」、（注4）の「男山団地」など）。今後、これらの団地は、団地再生においてモデル的役割を発揮することであろう。超高齢社会を迎え、URが既存の団地を活用して、「安心・安全・快適」の住まい・コミュニティを形成していくことは重要でタイムリーな再生内容である。

　ただ、疑問もある。

　団地内外の居住者にとって、誰でもが支払い能力の範囲で、自由に利活用できる地域医療・福祉の拠点作りになっていくのか。所得の比較的多い一部の内外居住者や市民のための既存団地の利活用や再生であっては困る。まして、この事業展開で一層の福祉・医療の格差が生まれるようでは問題だ。地域医療・福祉の拠点事業は国や自治体なりの高齢者の介護・医療などの福祉政策が基本であり、行政がどのような施策を展開するのかがポイントになる。URがどこまでできるのかは難しいが、まずは団地内居住高齢者だれでもが、介護・医療・福祉サービスの受益者となるよう、一層の努力を期待したい。

② 最近のUR団地再生事例

　述べたように「建て替え期」に入ってからは、応用的研究が盛んになり、近年では調査研究自体もほとんどなされないといった事態になりつつある。URの調査研究のメッカとして60年活躍してきた「技術研究所」も廃止の方向にさえあると仄聞する。民営化が進み、コストカットし利益

を最大化という面からすれば、「要らない」ということであろうか。UR
は現在、公的立場として責任をもつことは希薄化し、ほぼ民間事業者の
立場で業務を進めている。いかに支出を抑え収益を上げるか、民間事業
者のアイデアを取り入れ、かつ事業委託によっていかに住宅応募者を増
やすか、そしていかに空き家を出さないか、などを目標にして団地再生
も進められている。

　そこには、「市民・居住者家族の暮らしや要求の調査や研究は重要で
はない」「20年後30年後といった長期の住宅や団地空間のあり方など
考えない」「居住やデザインの文化など横におく」「技術開発など要らな
い」といった考え方があるのではなかろうか。今後、URにおいてこの
ような住宅や団地の再生方向や方策で進んでいっていいとは思えない。

　一方、団地には多様な所得、年齢、構成などをもった家族が住むとい
うミックストコミュニティの実現が求められる。とりわけ、高齢者が多
く住む古い団地では若年層が増えると活気が出て好ましい。民間とタイ
アップしながらも、何とか若年層を呼び込みたい、そして入居したら退
去させないという狙いで、リニューアルにも取り組んでいる。これには、
多くの応募者があった事例もある。団地内の住棟一棟を自らリノベー
ションし再生させ、募集も行った積極性やエネルギーもまだ残っている。
若年層にターゲットを絞り、多くの若年層を呼び込むべく、リニューア
ルを進めることに異存はない。しかし中には、住宅への応募者が多数あ
ればいいという企画・設計、もしくは民間業者に丸投げプロジェクトも
見受けられる。

　以上のようなURを巡る動向のなかで、URはどのように具体の団地再
生を行っているのだろうか、最近の再生事例を紹介したい。

Chapter 7　URの団地再生動向

１ 福祉的活用の事例

　UR団地の空き施設を福祉関連民間業者やNPOなどの団体に賃貸する事例が増えている。URの公共的・福祉的立場からの事業展開でもあろう。

　UR住宅居住者の所得階層は公営住宅のそれとの違いが少なく、必然的に福祉施策が必要になってくる。また、このような団地に若年層家族を呼び込んで、ミックストコミュニティ形成や団地の活性化のためには、子育て支援環境も整えなければならない。

　そこで、すでに進められているが、高齢者が住み続けられるような、デイサービスや居場所を団地内に開設する、集会所でも高齢者も気楽に集まれるようにリフォームするなどが進められつつある。そして子育て支援のキッズルームや保育所を整備するなども実施されている。URでは初期のころから、団地空間のデザインに際し保育所・幼稚園の需要に応えて整備が進められてきている。近年はそれを継承しながら、様々な子育て支援の取り組みも進みつつある。

　高齢者居住支援や子育て支援については、その必要性や市民の要求は増大の一途である。厚労省や自治体では介護や医療のソフト施策は用意できても、場所や空間については簡単に手当ができない。その点で、とりわけ大都市圏UR団地の空き施設や敷地は"垂涎"の的であろう。また、URでは団地居住者に高齢者が増え、若年層を呼び込むには子育て支援は不可欠。URの公的な役割を押し出す上でも好都合。この点で、両者の接点があり、次ページ１、２で例にするように、今後ともURの住宅や団地空間は重宝されよう。

　このようなことから、問題をもちながらも全国のUR団地で高齢者福祉と子育て支援の整備は少しずつ拡大しつつある。

171

①高齢者居住支援

事例1 ● 豊四季台団地

● 再生前団地概要

千葉県柏市豊四季台、敷地33ha、賃貸4666戸、施設：戸割店舗（34店）、近隣センター、図書館、老人憩いの家、児童センター、診療所など、管理開始：1964年

● 再生概要

コンセプト：概略以下の3点
　在宅医療・福祉施設導入と子育て支援
　住民の交流の場となる地域拠点整備
　住環境整備、景観形成、低炭素のまちづくり

● 現在の進捗

柏地域医療連携センター（2014年開設）：市福祉政策課、市医師会・歯科医師会の共同で

サービス付き高齢者向け住宅（2014年開設・105戸）：小規模多機能、グループホーム、訪問介護・看護、居宅介護、在宅療養支援診療所、診療所、薬局、地域包括支援センター、地域交流スペース、子育て支援施設を併設

特別養護老人ホーム（2011年開設）、認定こども園（2014年開設）、豊四季公園（2014年開設）、商業施設開設（2015年以降）、戻り用UR賃貸住宅、民間分譲マンションの供給

● コメント

・2009年UR、自治体（柏市）そして大学（東大）三者による研究会が発足し、以来、当団地を舞台に、住み慣れた地域で住み続けるという「エイジング・イン・プレイス」を目指した取り組みが協働して始められた。このプロジェクトは、UR住宅団地では全国初であるが、全国的に拡散傾向にある。

・柏市主導で、医師会等とのタイアップにより、「柏地域医療連携センター」が開設され、諸施設併設の「サ高住」も供給された。在宅医療と介護の包括的な連携事業が展開されつつある。

・先駆的な取り組みであり、今後の展開が注目される。

Chapter 7　URの団地再生動向

事例2 ● 「サービス付き高齢者向け住宅」（サ高住）

　「サ高住」（サービス付き高齢者向け住宅）は、高齢者向け優良賃貸住宅制度（「高優賃」）などが廃止され、代わりに2011年に登場した。以降、国からのわずかな補助があることもあってか、4年を経過して16万戸以上供給されているという。

　民間業者が賃貸する民間の高齢者向け住宅で、「安否確認」と「生活相談」の2つのソフトを備えれば経営できる。国からの建設補助金が出る代わりに床面積等の制約要件もある。特養に代わる居住空間などとの「宣伝」も行き届いたのか、かなりの戸数が建設された。

　しかしながら、家賃も結構高く、床面積も狭く（20㎡程度）、70%の住宅に風呂がない。「安否確認」と「生活相談」は付加義務があるが、介護関連のサービスは別契約で費用も必要だ。また、この「サ高住」事業者は介護系と医療系で8割を占めていることから理解できるが、在宅での介護サービスにより「特養」の代替施設として、期待されているという。しかしそれでいいのだろうか（参考文献6）。

　この「サ高住」は、UR住宅団地では「多摩平の森」と「ひばりが丘」において、URが民間事業者に住棟をスケルトン賃貸して供給されている。加えて、団地の住棟の空き住戸をある程度まとめる「分散型（棟単位ではなく、住戸単位で民間が募集・管理を行う）」の「サ高住」の供給が、東京都「高島平団地」で始まり、拡大の傾向にある。民間独自の「サ高住」に比して、UR住宅活用ということであるが、当然団地空間全体と、住棟躯体・住戸フレームについては、水準が高い。この点で、他の「サ高住」に比べ優れている。しかしながら、民間供給であるだけに団地内でのほかの住戸よりもかなり高額の家賃になるであろうことは容易に推測でき、低所得の高齢者層は排除されよう。団地内の高齢者誰でもが入居できるわけではない。また、URと民間とでは一体的な管理もできないし、その面で入居者間でのトラブルも起こりうる。

　むしろ、かつての公的高齢者向け住宅の一環として取り組まれた、「シルバーハウジング」（1987）、「高優賃」（1998）の復活・再実施により、低所得層も含め幅広い層に対応できる。過去、URでも結構な供給実績があり、多くの高齢者によろこばれ、応募倍率も高かった。期待が大きい。当然、

173

UR住宅としての供給であれば、家賃も安くかつ安心して住み続けることも可能だ。

②子育て支援

　この30年間つまり、おおよそ「建て替え期」においては、建て替えのみならず、少ない新規建設住宅や団地においても、初期の団地と違って高層・高密化されて、屋外空間は狭くかつ駐車場で占領されている。屋外空間にゆとりがなくなり、子どもの遊び場もいじめられ、縮小気味である。また一方では、chapter 4–1でも述べたが、子ども側も、屋外で自然に接して、遊びまわるといったことは少なく、塾や稽古ごと通いで忙しく、パソコン、スマホなどが普及し室内での遊びが増えた。屋外空間が忌避されることさえあるようで、これらがあいまって屋外空間の活用がみられない。近年団地を訪れると子どもの声もしないし影もない。単に子どもの数が少なくなっているからだけではなさそうだ。

　URは「コソダテUR」のネーミングで、子育てに配慮された間取りや設備を持った住戸を用意している（一部家賃補助もあり）。例えば、働く若いお母さんの多様な要求に応えるべく、子育てサークル支援（空き住戸利用の保育事業、居住者による保育サービス・一時預かり事業）、空き施設での保育・学童保育、親子同士の交流、病児保育を運営する場、などを提供している。団地の若い母親にとって、身近にそのような施設や場があれば、とてもうれしい。これらは全国的にはまだまだ数が少ないが、拡大基調にある。

　ただし、URは空き施設・空き住戸や敷地等いった"モノ"の提供が主である。賃料等の収入はあっても、それらの子育て施設そのものを「経営」するわけではない。経営は民間事業者等が行うが、そうなると費用負担できる居住者は限られる。特に非正規などで働いている低所得の若

Chapter 7　URの団地再生動向

年層などはどうすればいいのか、問題は残る。

2　リニューアルによる再生事例

　最近のリニューアル（リフォーム＋リノベーション）関係の事例を
あげてみよう。主要には入居促進狙いである。以下の取り組み事例は、
URのHPにも掲載され、マスコミ等にも登場しているので、詳細はそれ
らを参照していただくとして、主な事例の紹介とコメントに留めたい。

①リノベーション
　●「ルネッサンス計画Ⅰ」
　「ルネッサンス計画Ⅰ」は「ひばりが丘団地」（東京都東久留米市・西
東京市）(注3)と「向ケ丘第一団地」（大阪府堺市）の２カ所で実施されたが、
残念ながら今は両方とも除却・撤去されている。多額の費用をかけて実
証・実験され、多くのデータは獲得されたのであろうが、除却はもった
いないと思う。ただ、一棟単位のリノベーションを試みたという点で技
術的な評価は高く、多くの見学者も訪れた。
　●「ルネッサンス計画Ⅱ」
　「ルネッサンス計画Ⅰ」に引き続く、「ルネッサンス計画Ⅱ」である。
例えば、「多摩平の森」では、URが土地と空き住棟３棟の所有を続けな
がら、住棟内部（インフィル）を民間事業者に貸して、その民間事業者
が募集・管理している（シェアハウス、菜園付き住宅、高齢者向け賃貸
住宅＋施設として供給 (chapter3　参考文献10)。「ひばりが丘団地」では、
同じく空き住棟一棟分をURが所有し、内部を「サービス付き高齢者住宅」
として、同様に民間事業者が管理を行っている。いずれも「ルネサンス
計画Ⅰ」の技術の成果に加えて実際に供給し、民間経営ではあるが住棟
を「使い続けること」を実現した点で評価できる。

175

●URによる直接的リノベーション

事例 ● 花畑団地のリノベーション

東京都足立区　管理開始：1964年

「花畑団地再生プロジェクト」の一環として、中層1棟（27号棟・5階・10戸）を再生デザインコンペ（主旨：住棟単位で新しい居住者の関係性・生活シーンを構築し、長く住み続けられる住まいのリノベーション提案）で選定されたリノベーション案が実現。

その27号棟は「ボックス型（中層の1階段室型）」の住棟であり、全住戸が南北及び東か西の3面にわたって採光・日照があり、住棟まわりは驚くほど広々とし、周囲の開かれた環境をたっぷり享受できる。RC造の躯体は残し、外付けのエレベーターと斬新なデザインの住棟リノベーションを試みている。レトロなUR住棟に、全戸ルームテラスを取り入れ、外壁窓枠は木製にするなど、新たな挑戦がみられる。意欲的であり、高く評価できる。

●コメント

民間の事業参画ではなく、UR独自でリノベーションし供給するのは「花畑団地」の27号棟が最初となる。今後はこのような、URですべて行う「花畑団地」タイプのリノベーションを各地で多様に実施し、「ルネッサンス計画Ⅱ」の民間サブリース方式は"従"にするくらいの意気込みが期待される。

ただ、リノベーションによる実際の供給事例としてはこの東京圏3団地に留まっている。家賃が高く取れる東京圏でしか実現できないのか。環境との共生という点でも評価できるのだから、一般供給UR住宅に比

し公的意味合いがより強い。何とか国の補助などを獲得したりして、全国的に各支社で実施事例を多様に展開していくべきではなかろうか。

②住戸内リフォーム

●民間業者、建築家、大学とのタイアップ

〈民間業者とURのコラボ〉

全国の団地で行われつつある、内装業者、生活雑貨、家具屋関連などの民間業者とURのコラボである。若年層に、これまでのUR住宅にはない"斬新さ"や"新鮮さ"が受け入れられている。完成後の募集でも結構人気があり、応募者も多い。

〈観月橋団地（京都市伏見区）での試み〉

外観・屋外（屋外のサイン計画、住棟外壁）と住戸内リフォームの設計を建築家へ委託。「団地からDANCHIへ」というコンセプトで、住戸内では、アイランドキッチンや土間、造作も省略して躯体を見せるなどの工夫で、住戸平面は多彩である。若い層を中心に多くの応募があった。この、「観月橋団地」のように、建築家に委託して住戸平面のリフォームを設計してもらう方法も全国で展開されつつある。

〈女子学生などの提案〉

女子学生の若さ、女性の立場、ユニークさ、新鮮さなどに期待して、提案を受け実施に移している。

●居住者とUR職員参加

決められた部屋の壁紙、ペンキ、棚の取り付けなどを居住者自らの手で行う（DIY）ことで、"カスタマイズ"できる。これも全国で実施されつつある。

また、近年UR職員が社内でプロジェクトチームなどをつくって、独自の発想で入居促進を進めているケースが全国の支社でかなりみられるようになった。安易に民間に委託するのではなく、まずはUR職員で考

える方向は評価できる。

●健康寿命サポート住宅

最近、「健康寿命」という"コトバ"が流行だ。

介護状態になる前の、最低限のことは自分でできるという年齢である。住戸内でも可能な限り自立の期間を延ばすことは重要なことであり、その支援のための住戸内外での環境を整備しようという考え方だ。UR住宅には、それを期待している高齢の居住者も多い。東京都（豊島五丁目団地）で募集が始まったが、これからも実施してほしい。

以上の住戸内リフォームに関しては、団地再生というよりは、"入居促進ツール"の意味合いが強い。特に若年層をターゲットにした入居促進の方策で、徐々に拡大してきている。今後は対象が広がり、UR外の民間諸業者とのコラボは多様に全国的に展開していくことであろう。

というのは、UR住宅については、かつての「住戸の床面積を広くして欲しい。部屋数が欲しい」という、いわば量的な要求より、むしろ個性的住まい方、自分のライフスタイルに合った空間構成（間取り、部屋の内装仕上げや設備機器など）を求める面が強くなりつつあるからだ。

これに対して、URは過去の公的立場を背景にした「均一性」「公平性」を打破しながら、民間的な立場で需要者個別・個人の好みに合ったリフォームを進めつつある。今後は、逆に公的立場を強め基礎的な調査や研究を基本にして、市民のUR住宅への要求に依拠し、かつ豊かな暮らしのあり方を求め、具体化していくことが必要ではなかろうか。

3 管理部門との協働化

①管理部門でのリニューアル

述べたように、1986年以降の団地再生の方針で、「40年代管理開始団地は原則改善」とされたが、団地再生の陰に隠れて、この「改善」

実態はあまり知られていない。管理部門で結構実施されてきているリニューアルのことである。

管理部門の業務としては、住宅と団地の管理当初の性能・機能を維持するための「保全」（修理、修繕）が基本である。ところが、当時のURとしては、管理を開始しても空き家があり、結構長期間入居しない団地もあった。管理部門で「保全」の枠を越えて、空き家対策、入居促進の狙いもあって「改善」（リニューアル）が行われていたというわけだ。

具体的には、住戸・住棟では、上下や横方向での住戸の二戸一化（狭い住戸二戸を一戸にする）、和室を洋室へ、DK型をLDK型へ、そして設備機器などをリフレッシュするといったリニューアルがなされ、居住者からは評価を得た。かつ、屋外では、傷んだ下水・雨水の排水路・管の整備や通路のバリアフリー化などを総合して団地の環境整備が取り組まれた。

これらの、管理部門でのリニューアル関連事業の成果には、今後の団地再生とタイアップしながら生かされる多様な技術ストックも含まれている。これは団地再生においても使える。

②団地マネージャー

URの管理部門では都市圏のUR団地を地域別に分けて、エリア別にマネージメントされるようになってきている（「エリアマネージメント」）。経営戦略を企画・立案・決定するのだが、空き家対策・家賃収納など民間経営を考え方を徹底しようというわけだ。それを担うのが、地域別に配置されている団地マネージャーである。全国レベルで、団地マネージャーが担当しているUR住宅158千戸に対し、52人が配置されているという（2013年度末）。団地の再生というよりは、「団地管理」の仕事であるが、今後は再生も「ソフト化」が進み、「団地再生」と「住宅管理」の両部門間の垣根も低くなろう。むしろ、総合的に考え、施策展

開していくべきで、団地マネージャー制度は注目される。

この団地マネージャーの一人であるが、屋内外で様々な実践活動を行いながら、団地文化を育てようとしている職員の事例がある。

従来の一般管理・家賃収納業務などの経営事務以外の分野で、居住者が暮らしやすいように、団地居住者の参加を促しながら、実にきめ細かく樹木・草花などの手入れなどを行いながら、様々な取り組みを行っている。以下、兵庫県西宮市の「武庫川団地」での職員（堀内さん）の活動を紹介しよう。

事例　武庫川団地の「プラムおじさん」

堀内さんはこの6年間ほど、武庫川団地で「団地管理役」として、熱心に団地内の居住者や地域の福祉関連役員あるいは小中学校との連携で、団地内の随所に草花や野菜を育てるなど、"まち育て"、"団地育て"を実践している。とりわけ、団地の緑地空間を季節の花で彩りをつけようという企画は秀逸。この活動を通じて、子どもや高齢者によろこばれ、団地の雰囲気を居心地のいいものに育てている。

イギリスのまちづくり関連で有名な絵本に『プラムおじさんの楽園』（エリザ・トリンビー作）というのがあるが、まさしく堀内さんは武庫川団地の"プラムおじさん"の役回りを実践中である。

● **武庫川団地について**

〈概要〉

・西宮市にある武庫川団地は、西日本最大の超高層2棟を含む高層団地で、住宅は32棟7236戸（5643戸＝23棟の賃貸と1593戸＝9棟の分譲）。
・1976年に建設が始まり、1979年入居開始、1990年には団地完成。今では考えられない建設スピードと募集の規模である。特に1979年の4月には1520戸の賃貸住宅にいっせい入居、当時の阪神間での賃貸住宅需要圧の高さがうかがわれる。
・生活関連施設として、保育所3、幼稚園2、小学校3、中学校2、高校1及

び各種の商業、市民センターなど。団地居住者は16000人ほどだ。

・46haの広大な敷地を有し、入居が始まって35年経過。屋外空間は、木々・草花も生い茂り、森のようであり、緑や生き物に恵まれている。また、広いグラウンドもあって、幼児から青年まで子どもたちの遊び場にも事欠かない

〈需要低迷と再生委員会〉

・完成以降、次第に住宅需要圧が減少し、一時の大量供給や広い床面積の住戸も多いことから、需要が低迷して空き家が続出。空き家対策が最重要課題となった。

・2000年ころから、入居の促進と団地の再整備のために、URによって再生のための研究会が立ち上げられ調査研究も始まった。そのなかで2009年に生まれたのが「団地管理役」であり、UR職員の堀内さんも試験的に配置された。2010年に「団地マネージャー制度」が正式にスタートし、2014年からは、関西を大阪、兵庫、奈良・京都の3地域で、エリアごとに団地をマネージメントする組織体制がつくられた。

● 堀内さんの活動と思い

〈団地内の暮らしが楽しくなることは何でもやる〉

・団地中心部分を中心に草花だけでなく、サイン計画、展示場所、子どもの遊び場所、高齢者支援、サークルやイベントの場、防災・コミュニティ活動拠点、アートなど屋外での取り組み場所は30か所にも及んでいる

〈空き施設の解消へ〉

・団地のショッピングセンター「メルカード」内の空き施設を居酒屋（＝居場所）に転換（「たのしい食堂　おいしい広場」として、居住者や団地外の人たちにも親しまれてきたが、残念ながら現在は閉鎖）。

〈里山をつくる〉

・堀内さんだけの活動ではないが、市民センター北側（立体駐車場南）に里山を創る計画がある（2015年度着手予定）。確かに、このあたりは整備ができておらず、デッキの上からよく見える場所でもあり、何らかのリニューアルが必要である。完成後の里山管理には基金が必要で、堀内さんも奮闘中とのこと。

〈堀内さんのコメント〉

・団地の暮らしのなかで、URの仕事だけでは見えなかったものが見えてきた

・広い団地ではあるが、やることはなんぼでもあるし、どんどん増える。ただ、一人では対応困難。

・ものの見方が変わる……団地内のいろいろなものが教材や資源に見える。蝉の抜け殻も肥料に見える。

〈関係者のコメント〉

貴山さん（社会福祉協議会鳴尾支所高須分区副分区長）：堀内さんの活動はすばらしい。また、武庫川団地で居住上のトラブルや問題が起きたら、相談すると、なんとかしようと一緒に考えてくれる。

巽さんの言葉：再生委員会元主査の故巽和夫（元京大教授）は、「私は堀内さんのファンです。住民の方がよろこんでくれる仕事をしてください。今後とも楽しみに期待しています。今の10倍やっていただきたい。」と述べている。

●まとめ

・武庫川団地は高層の賃貸と分譲の併存団地。戸数が多いだけに、空き家の数も半端ではなく、UR関西支社の空き家対策団地として、いつも筆頭にあげられてきた。居住者側からは、自治会が中心になって、近年ではボランティアや任意の団体なども加わってコミュニティ創り、「安心・安全・快適」の"団地育て"もだんだん盛んになってきた。

・堀内さんの居住者の思いを大事にした献身的な活動は、どこの団地でも実施されているわけではない。レアケースだ。しかし文化的な側面から特筆されるべきものであろう。このような団地マネージャーによる活動を、今後形は様々であろうが、URの団地再生・団地育ての主要業務の一つとして全国的に普及していってほしいものだ。

　このような取り組みを広げていくことにより、UR団地の屋外空間のみならず、コミュニティ形成面でも年月の経過とともに、団地再生と団地育てのデザイン文化創造にも大きく寄与していくと思われる。

（注1）UR住宅居住家族の実態

「全国自治協（HP参照）」は1987年から3年ごとに、全国の団地を対象に「団地の生活と住まいアンケート」を実施している。2014年9月に10回目が実施された（対象団地は231、戸数は225,676戸。回収は93,128戸（回収率41%））。その結果から家族のプロフィールを概観する（世帯単位）。

●家族
・世帯主の年齢は60歳以上が73%（70歳以上では34%）。
・家族人数は、平均1.9人。1人住まいが36%、2人住まいを合わせると、76%にも達する。

●収入
・第一分位（総務省の家計調査で年収251万円未満）で51%、第二分位（同367万円未満）を入れると71%とまさしく、居住者の多くが公営住宅入居可能な所得階層である。
・世帯の収入は「年金だけ」42%、「年金とパート・アルバイト」10%で、年金生活者が大半。

●家賃
・現在の月額家賃は、地域、立地、建設年度で異なるが、全国レベル全団地で月5万円以上支払っている世帯が60%程度に上る。年金生活者にはキツイ出費だ。
・家賃負担が「たいへん重い」35%、「やや重い」37%と7割を超える世帯が家賃負担の重さを訴えている。

●今後の住まい
・「公団住宅に住み続けたい」が71%と継続居住の要求が高い。

●高優賃への期待（複数回答）
・「高優賃の新規供給を復活してほしい」29%、「今の団地（で新規供給：著者注）なら入居したい」27%

●不安に思うこと
・UR住宅に住んでいて不安に思うこととして、「値上げや高家賃で家賃が払えなくなること」65%、「民営化されて公共住宅ではなくなること」50%、ついで「団地再生で移転強要」38%が大きい。

（注2）ウェルフェア推進事業部

2014年4月に実施された主要な内部組織改編の特徴は、団地再生と管理関連では、以下の2点である（参考文献2）。

まず、「(1)超高齢社会に対応した賃貸住宅事業」で、その内容は「団地再生部」を「ウェルフェア推進事業部」に改編する。そして賃貸住宅に関して、全国的な管理運営から、「各地域や団地の特性に応じた経営に転換し収益向上を図る」ため、「エリア営業部」（「……地域別に行うマーケティングに基づき、きめ細かい営業推進、柔軟な家賃設定、修繕コスト削減等の業務を

……」）を設置する。

　前者に関しては、団地再生から手を引くわけではないが、これまでのハード対応から、福祉・介護・医療なども展開していく方向の組織体制転換である。つまり「ウェルフェア」を今以上に「推進」する団地再生「事業部」の意味と解釈できよう。後者は団地再生というよりもUR住宅の管理をどう進めるか、ということでの組織改編。これまで進められてきた「団地マネージャー制度」を、地域や団地の物的特性、居住者の実態に即してエリアに分けて、競争原理を導入しながら「収益向上」を図るシステムへ転換していく狙いであろう。

（注3）ひばりが丘団地（東京都東久留米市、西東京市）

①団地概要（建て替え事業前）

当初：1959年供給　中層・2714戸（2〜4階）　敷地34ha　容積率33％

・当初の団地のデザインでは、既存樹木を残し、団地内の道路も適当にカーブさせるというコンセプトは、当時UR職員として配置デザインを多く手がけた故津端修一の提案によるものである。

・「ひばりが丘団地」には文化人・芸術家・学者・教員・政治家なども多数住んでいた。親睦会が自治会へと発展し運動が活発に展開され、居住環境整備、保育所開設、西武鉄道運賃値上げ反対などの運動が取り組まれた（chapter2　参考文献4）。

・居住者の活動が活発な2団地として、東の「ひばりが丘団地」、西の「香里団地」（大阪府枚方市）と呼ばれた（chapter2　参考文献4）。

②団地再生事業（計画含む）

・事業期間予定1998〜2015年度

・団地別整備方針は「全面建て替え」（2007年時点）

・UR賃貸1504戸（3〜12階）

・URの事業：コンセプト：自治体、自治会、民間事業者とURが連携しての在宅介護・医療拠点の整備へ

③いつまでも安心して活き活きと住み続けられる街づくりを目指した取り組み

・事業：賃貸住宅建設（戻り住宅）、ペット共生住宅、屋外空間の継承とビオトープの整備

・ルネッサンス計画Ⅰ：3棟の住棟をリノベーションのための実証・実験（現在は撤去）

・住棟の存置と活用：スターハウスは管理事務所へ、中層住棟1棟を「サ高住」として提供（下記）、テラスハウスはエリアマネージメントのセンターとして再利用

・民間事業：高齢者施設：小規模多機能ホーム、認知症グループホーム、訪問介護・訪問看護・居宅介護支援事業所、特養、老健

・子育て支援：保育園、児童館、学童保育

・民間分譲住宅

・協働事業：サービス付き高齢者向け住宅（16戸）

(注4) 男山団地（京都府八幡市）

①団地概要
- 男山団地（賃貸住宅4602戸）は、男山地域（土地区画整理事業（185ha）1969年。京都府供給公社360戸・公団分譲1350戸、その他宅地分譲戸建て、小規模低層集合住宅などを含む）内にある。1972年から入居を開始し、1980年には21000人が居住し、八幡市民の30%を占めた。
- 2007年の団地別整備方針は「全面集約型」

②まちづくりの構想
- URと八幡市・京都府、関西大学の三者で再生に向けて「男山地域まちづくり連携協定」が締結(2013年10月)された。これにより、構想（子どもが豊かに育つ、高齢者が住み続ける、地域に活力を、住民主役のまちづくり）が実現しつつある。
- 関西大学の先端科学技術推進機構地域再生センター（団地再編プロジェクト室）による、2011年度から5年にわたる調査研究の一環として、男山団地の再生が取り上げられ、2015年現在進行中である。再生構想、ワークショップ、設計提案など多彩に取り組まれている。
- URの「地域医療福祉拠点団地」23の一つとして、整備も始まっている。

開発当初の男山団地（メッシュ部分）

③団地再生内容
- 「だんだんテラス」2014年4月開設
- 団地中央空き施設の活用「地域に開き、地域が連帯し、地域が主体の多様な活動の場を提供」。運営は関大生、責任者は京都府の非常勤職員「公共員」が担当
- 運営組織「だんだんテラスの会」を設立
- 実施内容は多彩。コミュニティ拠点、まちづくりの情報発信・情報収集・課題解決、各種ワークショップなど。団地内に次第に認知され拡がりつつある。毎日、学生が詰めている。このエネルギーが大きい。
- 365日（10：00〜18：00）オープン、団地内で出前も実施
- 「地域医療福祉拠点」最初のプロジェクトとして団地の中央に、「地域包括ケア複合施設」（小規模特養、低所得向けケアハウス、ショートステイ、訪問介護ステーション、多目的ホールなど）が2015年秋開設される予定。

part 3 UR住宅再生デザイン文化

・地域子育て支援：子育て住まいのリノベ（子育て向け住戸リノベ）、「おひさまテラス」（遊びの広場）など

④コメント

・「男山地域まちづくり連携協定」は、団地居住者交流の場である「だんだんテラス」、高齢者の介護サービス施設の地域包括ケア複合施設、子育て支援の「おひさまテラス」を中心にして、コミュニティ活動が進みだすことで、実現しつつある。

・「だんだんテラス」のような大規模団地での空き施設を活用した居住者の交流場所は、全国的にみられる。ここ「男山団地」での特徴は、「運営協議会の設置・運営」「非常勤であるがテラス専従公共員の配置」「学生の積極的な参加による毎日オープン」の3点あげられる。

・今後、団地全体の再生への動きを創っていく上で重要なことは、団地居住者がどのようにまとまり、参加をどう進めるかであろう。この点で、男山団地で全体及び各地区別にも自治会が未成立のところもあり、団地全体としてまとまっていくことが肝心。かつ、UR、八幡市・京都府、大学の三者での協定が締結され共働は進んでいるが、この中には肝心の居住者・自治会の代表が入っていない。改善の余地がある。

参考文献

1) UR都市機構、「UR賃貸住宅ストック再生・再編方針」、平成19年12月、URのHP

2) UR都市機構、「URの改革の取り組み（第三期中期計画、経営改善計画及び内部組織改編について）」平成26年3月、URのHP

3) UR都市機構、「UR賃貸住宅ストック再生・再編方針に基づく実施計画」、平成27年3月、URのHP

4) UR都市機構、「超高齢社会におけるURの取り組みについて」平成27年2月、URのHP

5) UR都市機構、「UR賃貸住宅の現状と今後の方向性について」、平成25年10月、行政改革推進会議の「独立行政法人改革等に関する分科会」第2回第4WG・資料6、URのHP

6) 三浦研、「サービス付き高齢者向け住宅の課題」（雑誌「住宅」2015年3月号、41p）

7) NPO団地再生研究会・合人社計画研究所編著『団地再生まちづくり』、水曜社、2006.6

8) 団地再生支援協会・NPO団地再生研究会・合人社計画研究所編著『団地再生まちづくり2』、水曜社、2009.7

9) 団地再生支援協会・NPO団地再生研究会・合人社計画研究所編著『団地再生まちづくり3』、水曜社、2012.6

10) 松村秀一『団地再生——甦る欧米の集合住宅』彰国社、2001.7

COLUMN

35回目の春
武庫川団地で住み続け

K.K.（女性）　居住期間：1980年〜

　私にとってURは故郷だ。両親が結婚して、団地に住んだのが私の団地人生の始まり。生まれた時から今まで、部屋は何度か変えたが、ずっと同じ団地に住んでいる。

　現在は賃貸、分譲を合わせて30棟を超える武庫川団地だが、当時は建設されていない棟がまだまだあり、住んでいた部屋からは海が見えたらしい。でもあっという間に何棟もの巨大な壁が現れ、ベランダから見える海は私の記憶にはない。

　私は幼稚園から高校まで団地の敷地内の学校に通った。当時、団地内には3校の小学校があり、いたるところに子どもたちの姿があった。武庫川団地は巨大な公園の中に住宅棟が立っているようなものだ。4号棟と5号棟の間には、よく公園にあるサイズの5倍はあろうかという、子どもにとってはまさにその名の通りのジャングルジムと、クリーム色の巨大なコンクリートの山の頂上から鎖が垂れ下がる、通称プリン山があったり、6号棟前にはずらりと並んだ16席のブランコがあって子どもたちで埋め尽くされていたり、建物の間の空間の至るところに遊具がある。子どもは毎日その中のどこかで遊び、その姿はベランダで洗濯物をとりこむ誰かのお母さんに見られている。だからいいことも悪いこともすぐに親の耳に入ってしまうのだ。

　団地の中にたくさんの植物があるのは今も同じだが、花壇は今ほど多くなく、その代わりにいろいろな種類の植物が自生しているかのように植えられていて、雑草もいっぱい生えていた。今は見通し良く整備されているが、私が子どもの

187

頃には鬱蒼と木々が茂る場所が何か所もあり、野山に近いような感じだった。その中でつつじの花の蜜を吸ったり、椿の固い実をとったり、ツユクサの汁を絞ったり、小さなスミレをそっと家に持ち帰ったりして、子どもにとっては植物も遊び道具だった。団地の中には道路はほとんどなかったから、外では常に車に気をつける、という習慣も知識として知っているくらいのもので実用的じゃない。全校生が団地の住人という小学校の時には、団地に良いイメージを抱かない人も世の中にはいるということも知る由もなかった。同じ団地でも部屋の間取りは何十通りもあって友達の家は自分の家と全く違って見えるから面白いし、団地内のショッピングモールも今より賑わっていたから、大抵のものはそろっていた。内科、小児科、歯科なんかの小さな診療所は、団地の住居下のスペースに点在していたし、当時は銀行も二つくらいあって、町としてかなりの機能を備えていた。特殊な空間であることは今になってよくわかる。でもそれは子どもにとっては悪くない環境だったのかもしれない。

　私たち家族は、私や妹が生まれたり大きくなったりするのをきっかけに、団地内で2回引っ越しをした。祖母が認知症になり介護が必要になった時には、同じ棟の中の部屋を借りて、同居はしないまでも同じ建物に住むという形で生活した。もし一室に同居することになればお互いに参ってしまっていたと思うが、部屋は違っても屋根はつながっている状態というのは、ちょうど良い距離感を保つことができた。30年前後という築年数で考えるとかなり古い部類に入るのだろうけど、URは入居者が入れ替わるたびに工事が入り、修繕やリフォームされるので、中はあまり時代を感じさせないのだ。

　34年、団地に住んでいる中で、私の人生にもいろいろなことがあった。数年前の父の葬儀は隣の棟の1階にある花のまち集会所で行った。予想外に突然に父が亡くなった直後、混乱した頭で、とにかく場所を確保しなければと団地の

COLUMN

管理事務所に電話すると、「他の目的で予約が入っていても、葬儀の予約が入るとそちらが優先されますので大丈夫ですよ」と教えてくれた。準備をしている時、高齢の女性が中をのぞいていたので声をかけると、葬儀店に飾りつけてもらった会場をほめ、「ここのお葬式で十分よねぇ」と笑顔で話していたが、亡くなったのが祖父ではないと聞くと申し訳なさそうな顔をして立ち去ってしまった。20年程前まではよく集会所でお葬式が行われているのを見かけたが、最近はめっきり見なくなっていた。これが民間ならば集会所の利用キャンペーンでもやっているのかな。

当日は奇しくも夏祭りの夜と重なり、葬儀会場には風に乗って盆踊りの曲が流れてきていた。それをなんだか父らしいと思った。そういえば団地の夏祭りの定番曲、高須音頭はこの団地でしか流れないのだろうと、今頃気づいた。

葬儀を行った集会所は、和室と、50人程度が座るには十分な広さの集会室やイスがあり、古いが必要な物はすべてそろう、しっかりしたつくりだった。トイレが旧式だったことと、なぜか入り口から集会室まで、千を越えるのではないかという数のダンゴ虫の死骸が散らばっていた以外は、急遽決めた父の最後の場所としては良かったんじゃないかと思う。数時間かけてダンゴ虫を片付けてくれた人は、その後、夫になり私は人生4つ目の団地の部屋を借りた。

近年、何棟かのマンションで小さな街をつくるようなスタイルの集合住宅を見かける。マンションの間には公園があって、住人がパーティーや教室を開けるフリースペースや小さなショップもあって、住人専用のゴミステーションがあって、そこを利用するのは同じマンションの住人だけなので安心というような。それって団地じゃない？　と私は思う。

ただ安心感を生むにはこの団地は巨大過ぎたと思う。賃貸だけで5600戸を超え、それに分譲の棟も加わる。住民もいろいろな人がいて、マナーが守られていないことも多い。自転車が盗まれるのも日常茶飯事だ。管理事務所もあるし、

ベランダより南の方角の夜景

　最近は警備員さんの姿も見かけるけれど、とにかく広いこの団地の中で一つひとつの棟に親身に関わっている余裕はないのだろうと感じられる。さらにほとんどの棟に1階の部屋がないせいか、夜に団地内を歩くと、この町に何万人という人が暮らしているとは思えない寂しさを感じる。これは他のマンモス団地でも同じことが言えると思う。

　団地は人の出入りが激しく、小学校の頃はかなりの数の友達が転入し、転出していった。
　高校くらいになると「団地から出たい」、が団地っ子女子高生たちの口ぐせになっていた。大学に通うようになると、団地から脱出する手段である阪神武庫川線が23時半に終電を迎えることを知り、さらに閉塞感を感じることになる。けれど結局、私は今もここに住んでいる。悪いところじゃないけど、最高の場所だとも思っていない。昔は本当に都市計画に組み込まれていたショッピングモールしかなかったが、今では周囲にコンビニや深夜まで営業しているスーパー

COLUMN

も進出して、良くも悪くも以前の「作られた町」という雰囲気から変わりつつ
あるのを感じる。

　大人になって出会った人と話していると、昔武庫川団地に住んでいた、とい
う人に出会うことはよくある。結婚当初住んでいて、子どもが生まれたり、家
を購入したりして団地を出るパターンは多いようだ。彼らにとっては永住する
べき町を選ぶ前の止まり木といったところだろうか。団地は来る者拒まず去る
者追わず。包容力のある田舎の家みたいな感じだ。都会に飛び出して行っても、
また必要になったら受け入れてくれるような。子ども：「不便だし古いけど、新
しい部屋を探すのは面倒だから、住み慣れた実家の離れにでも住むか」親：「もー
仕方ないわね。じゃどこか空いてる部屋を使いなさいよ。けど、家賃はしっか
りもらいますからね（収入要件）」というイメージ。

　私もいつか団地を出るかもしれないし、それでもまた戻ってくるかもしれな
い。団地は永久にあり続けるとは思わないけど、そのくらいの時期まではまだ
あるかな。高度経済成長期に住宅供給のために誕生した団地は、現代でも様々
な住宅問題の受け皿という役目を今も果たし続けていると思う。

chapter 8　UR住宅再生デザイン文化構築

1　UR住宅再生デザインの今後に向けて

1　UR住宅の公的意義

　これまで述べてきたことを少しおさらいし、改めてUR住宅の公的意義を再確認したい。

　URは60年間でいろいろ問題をもちながらも、賃貸だけでなく分譲（一般・特定）も含めると、150万戸を超える住宅を建設してきた。このことによって、大都市での住宅難の解決と、都市への流入勤労者の受け皿を提供するという大きな役割を果たした。と同時に、経済政策優先、景気対策重視、戸数主義といった厳しい制約条件のなかでも、多様な住宅と豊かな団地空間をデザインすることにより、大都市勤労市民の暮らしを革新してきたことは高く評価されている。これは、URが公的立場にあったからこそ実現できた。と同時に供給した住宅・団地を管理もして

きている。その物的な水準や性能を保ち続ける「保全」面での役割も大きいものがある。

前半の30年と後半の30年とでは、事情が異なっている。

前半は公的立場を維持し、積極的に、量だけでなく質の面でも先進的な住宅と団地空間を創ってきた。URはそのもてるデザイン力を発揮してきた。しかしながら後半は、日本全体が新自由主義政策化、公的住宅政策の一貫した縮減・撤退化の流れの中で、建て替えにシフトしながら建設戸数も低下していき、技術的力量もしぼんできている。反面、民営化路線が一層強化され、今や民間企業と変わらない経営実態になってきている。

ただ、近年、UR住宅団地の再生や管理において、高齢者・子育て、コミュニティ育成、環境共生、震災復興など居住福祉的側面での積極性など公的側面も一定有している部分も見逃せない。

2 UR住宅のデザイン文化形成

述べてきたように、URは、この60年で団地での暮らしの革新に大きな影響を与えてきている。

その反映として、文学・評論、映像、漫画やアニメ等、そしてサブカルチャーにも頻繁に登場してきた。また、URが供給した全住宅には戸当たり2人としても300万人、賃貸住宅ではそのちょうど半分の150万人（京都市、神戸市の人口に匹敵）の居住者がいるが、この居住者の日々の暮らしや様々な居住環境整備関連の改善行為やコミュニティ活動が、文化を創り、文化を支えてきている。

言い換えると、URは、「安心・安全・快適」な暮らしが実現するよう、そのデザイン力を発揮し住宅と団地空間を創ってきた。UR職員、特に技術系職員が多くの関連者を束ね組織し、コーディネートしてきたデザイン力の成せる技であり成果によるといってよい。Chapter4、5、6で

詳述したように、ゆったりした屋外空間、住棟・住戸の新規提案、大幅な設備の革新などをデザインすることにより、新たな暮らし方を提案した。そしてそこにおける居住者の長年にわたる暮らしと改善行為とがあいまって、デザインの文化が形成されてきたわけである。

くり返しになるが、重要なことは、居住者・家族の日々の暮らし、自治会による暮らしや居住環境を改善しようとするなどの活動、ボランティア・NPO法人などの日々の多様な居住環境改善に関する活動などの蓄積もあわせて、UR独自の住宅デザイン文化が形成されてきたことだ。また、現在の動向として団地で一層多様な取り組みが展開しつつあることも注目すべきことだ。

これらについては、各章末の8本のコラムで、各筆者のUR団地での「熱く楽しい日々」「暮らしの思い出」や「今思うこと」を読むと、より理解できる。また、これらのコラムについては、団地での自ら過ごした子どもの時の経験や伝えたい思い出を多くの"先輩たち"が語っている。

3 UR住宅再生デザインの方向

UR初期の団地は建て替えられてきている。しかしまだ、「郊外」立地、「昭和40年代」供給、「大規模」団地を中心に、75万戸・1700団地の再生が課題として残されている。この再生の成否は、他の公、民の賃貸住宅のみならず、公共と民間が手がけた分譲マンション再生へ与える影響も大きい。

URでは現在、時代と社会の要請を受けて、高齢者居住、子育てなどの福祉・介護・医療の地域での連携や若年家族層の来住を期待して、住宅のリニューアルや団地の再生、そして環境共生への配慮にも取り組んでいる。この点、方向としては評価できる。ただ、その実施において民間経営へのめりこんでいるところはいただけない。つまり、居住福祉的

取り組みについて、公としての立場を捨てて、とにかく民間事業をどんどん団地の中に取り込む、敷地も民間に切り売りする、という姿勢が大勢になってきている。また、URの「団地再生・再編方針」の一手法である「集約」を拡大し、「団地統廃合」も進めつつある。

　これらのURの団地再生の施策展開において、民間の事業者を直接的に導入する形で進められているところは、様々な意味で問題だ。特に、団地居住者には、高齢者が増大し低所得者・居住弱者が増えている現実をふまえ、そして居住者の要求や市民の声をとらえ、寄り添うことが求められている。むしろ公的立場にあるのだから、ここのところにはもっと配慮し、かつ公的立場での取り組みを強化すべきではなかろうか。

　1955年以来、60年にわたって形成された「UR住宅デザイン文化」のストックは、戦後日本の都市住宅分野における重要な居住資産であり、文化資産でもある。今後とも継承発展させなければならないし、当然のことながら、「UR住宅再生デザイン文化」はこの延長線上にある。

　それをどのように構築すべきか、次節にて述べたい。

② UR住宅再生デザイン文化構築へ

1 UR住宅再生デザインのミッションとその実現

①住み続けの保障

　近年、居住者の基本的要求の一つでもあるが、「住み続け」の重要性の認識については、多くの関係者・市民のなかでも一般的になってきていることは好ましいことだ。URにおいても総論的には、同様な主張もみられるようになってきている。

　ただ、住み続けの実現に関連して、相変わらず問題はある。

　まずは、家賃の高額化である。居住者の低所得化・高齢化が進み、家

賃が払えない事態が生じてきている（コラム4・8参照）。全国自治協の調査でも、7割以上の世帯が家賃負担の重さを訴えている（chapter7 注1）。特に、近年の新規供給住宅や建て替え後の住宅の家賃負担が大きい。せっかく入居してきた若年層が耐え切れず、やむなく退去という実態もある。そしてまた、先にも述べた「集約」は住み続けの断絶だけでなく居住権上も問題だ。URも団地内で居住者に転居を強いることは、借家権の侵害になることから、当然「これはお願い事項です」と低姿勢で交渉し、転居条件も比較的良い。これらの手立てを行使することで、居住者の自らの判断による自主的な転居になることをURは期待する。しかし、事業推進という「大義」もあり、結局はあの手この手で転居を迫るということにもならざるを得ないではなかろうか。

　このような方向ではなく、URには、誰でもがどの団地・どの住戸においても「安心・安全・快適」に住み続けが可能なように、きめ細かな手を打ってほしい。

　もちろん、UR側だけでなく、日々の暮らし目線からの居住者や自治会による「安全・安心・快適」の団地形成を目指しながら、居住改善活動の努力も求められる。また、居住者間の交流やコミュニティの維持・形成も大事だ。これらのことを地道に続けることで、住み続けに資することになる。このような住み続けが可能で、コミュニティも形成され、居心地がいい団地であれば、空き家も減る。「安心・安全・快適」な居住の方向であれば、さらに継続的に居住ができ、来住者も増え、好循環になる。このような団地事例も出現しつつある。

②団地再生はリニューアルで

　団地再生の方向として、建て替えではなくリニューアルであるべきだ。

　建て替えと異なりリニューアルであるならば、住み続け可能（二度の転居が避けられ、家賃もさほど上がらず、コミュニティの分断は避けら

れ、継承され・慣れ親しんできた環境や景観が維持される）で、環境共生の可能性も維持・拡大する（廃材が出ない、新たな建築資材を使わない、物的環境の変化がないなど）からだ。URの「ストック活用」の方向はおおむねリニューアルでの対応になろうから、「集約」などせずに「ストック活用」で団地再生を進めることが求められる。現に、URにおいても限られてはいるがリノベーション手法が試験的に取り入れつつある。

　かつての「マスハウジング期」では、公営や公社もそうであったが、URは率先して、関係者とともに西欧の団地の事業、計画、技術を調査研究し住宅や団地空間のデザインを取り入れ、実践してきた。同じように西欧諸国の都市における団地も経年劣化し再生の時期が来て久しい。西欧の先輩たちの団地再生事例を研究するだけでなく、その哲学や思想も含め取り込みながら、そのリニューアル手法からもっと学び、創造的に団地再生実践に生かしていくべきであろう。

③社会と時代の要請に応えた再生デザイン

　団地再生デザインの今後については、60年間でのUR住宅デザインと創られてきた文化を継承しながら、社会と時代の要請に応えて、以下の4つの再生デザインテーマを実現すべく、力を傾注していくことが、求められる。

●地域での介護・医療・福祉の連携

　UR住宅団地での居住福祉施策の展開については、URによるリーダー的参画が求められる。

　もちろん、居住福祉施策の実施主体は自治体である。しかし、現下の自治体は"縦割り行政"であり、特別に団地を対象にした施策展開は難しい。ところが、かつてURは新規の住宅建設や団地開発においては、自治体行政とタイアップしながら、縦割りに対して、横方向に"串を刺す形"

で団地建設を進めてきた。コーディネート力も発揮してきた。これから
の団地再生においても、同じような"役回り"が期待できる。団地再生も
含んで主たる事業として「ウェルフェア」の取り組みが始まったことで
もある。URに対して、団地を含んだ地域限定で介護・医療・福祉連携
のコーディネーターとしての権限を与え、モデル的な意味も含めその役
割を発揮してもらってはどうだろうか。

● 周辺も含めたまちづくり

URの前半30年間はUR敷地内だけに限った、住宅建設・団地開発で
あった。

後半の建て替えにおいてもそれは改善されることなく、周辺との"融
合論"も多少議論された経緯もあるが、事業的には相変わらず敷地内に
とどまっていた。結果は、居住空間的にもコミュニティの面でも周辺と
の違和感は大きく、自然に形成された一般的なまちとは基本的に違って
いる。しかしながら、時間の経過と共に団地居住者は周辺の人たちとも
結びつきを強めていく。

これからは、すぐに周辺との融合は難しいが、空間だけでなく暮らし
の課題を改善・解決していくためにも、周辺も含めたまちづくりを考え
ていくべきである。

● 環境共生に一層取り組む

世界の居住や暮らしに関する環境問題は広範囲にわたり深刻である。

しかしながら、日本は、原子力発電やエネルギー政策も含め環境共生
についての姿勢がドイツなどと違う。日本政府の建前は総論的には、「環
境との共生は大事だ」「これからの主要な政策課題だ」であるが、各論
になると、どうも腰が引けている。住宅分野では、産業界任せの様子で
もある。建設から消費・廃棄に至るプロセスでの住宅生産に関する諸問
題、コストとベネフィットのバランス、居住中の環境との共生の仕方、
そして質素だけど豊かな居住の実現など、住宅分野でも取り組むべき課

題は多い。

述べたように、URのデザイン分野では、環境共生にもがんばってきている。これまでの、URの調査研究やデザイン分野での環境へ配慮した事例も結構ある（参考文献1）。

URでもこれからも環境共生をテーマの一つに加え、デザインだけでなく居住者と協働で、環境に負荷を与えない、環境と共存し、かつ快適な暮らしのあり方を考え、実行していくべきではなかろうか。

④再生技術の開発と組織強化

以上の①〜③のテーマを展開するために、団地再生のソフト・ハードの技術開発を行う必要がある。過去にそうであったように、居住者・市民の居住環境への要求をとらえ、ライフスタイルの分析、家族のあり方、コミュニティの形成など、ソフト面での現代的都市住宅について幅広い調査研究を、持続的・系統的に行うことも求められている。また、ハード面ではどうか。研究者・専門家・建築家及び民間の関連企業・業者との協働で創りあげられまた技術も含めて、60年間でのデザイン蓄積を継承・展開させなければなるまい。さらには、管理部門で実施してきた住宅の保全や改善（リニューアル）、そして団地再生関連で蓄積してきた、「ルネッサンス計画Ⅰ、Ⅱ」、住棟リノベーションそして、リフォームなどの技術開発などもベースにしながら、一層発展・展開させていくことも重要である。

話は変わるが、今日、URの建設した300千戸も含め600万戸に及ぶ公と民による分譲マンションの再生も、社会的にみてもより一層重要な課題になっている。URとして、日本の「マンション再生」のハード・ソフトの事業や技術面でのサポートを行う意義は、極めて大きい（注1）。

以上のような、再生デザインや幅広い技術を開発し実際の再生に応用していくとなれば、当然デザインの部門組織を拡張することが必要になる。かつての「マスハウジング期」のように、技術者を増やし、デザイン部門組織拡大が求められる。さらにはUR住宅や分譲マンションの再生だけでなく、日本の都市住宅の今後のあり方全般をリードする仕事ができる組織体になることが期待される。

⑤公的立場の強化──ミッション実現のために
　URは「政府関係特殊法人・日本住宅公団」として1955年設立され、2004年独立行政法人・都市再生機構となった。特殊法人時代にも行政改革の対象にされ、建設戸数減少とともに国からの補助金も減少し、公的立場が弱められるという経緯をたどってきた。反面、国の住宅政策実施機関として公的立場にあり続けることで、税金を使い権限も付与されてきた。それだからこそ、述べたように、URは大都市圏における都市住宅分野において先進的なデザイン力を発揮することができた。
　そして、そのデザインされた住宅と団地空間に多くの家族・居住者が「安心・安全・快適」に多様な暮らしを送り続けてきた。かつまた、自治会・自治協や任意の運動団体などによって、より住みやすいようにそして住み続けができるように、様々な活動が展開された。くり返しになるが、これらによってUR住宅のデザイン文化を創ってくることができた。
　この過去60年に及ぶUR住宅のデザインとそこにおける居住文化の歴史と現在については、高く評価すべきことと考える。
　逆に言えば、仮にURが民間事業者であったとするならば、膨大な調査・研究や企画・計画・設計、豊かな団地空間の現出、耐震性の高い住棟や多種多様な住戸、住戸設備関連の急速かつ大幅な革新など、行政や民間のメーカー・業者などと協働しながらの住宅・団地空間を創り得た

だろうか。また、URは居住者・自治会からの要求を受け止めて、住戸や団地空間のより快適な方向での多様な「保全」や「改善（リニューアル）」を実施してきたであろうか。そして、団地再生においても、例えば「多摩平の森」や「武蔵野PT」の事業で、居住者や自治体も含めた三者の協働事業などできたであろうか。これらすべてが、URが公的立場にあった、しかもそれが強かったからこそ実現できたことではないのか。

　当たり前かもしれないが、URは「公的機関」として法令を遵守することも表明している（都市再生機構コンプライアンス行動規範、URのHP参照）。かつて、2004年、それまでの「政府関係特殊法人」の公団が、「独立行政法人」のURに組織替えになって以降、今日でも次のような諸法律によって公的立場も残存していることには留意すべきだ。

●地域住宅特別措置法

　2005年制定の「地域における多様な需要に応じた公的賃貸住宅等の整備に関する特別措置法」（地域住宅特別措置法）においては、国と地方自治体の公的賃貸等の整備及び有効活用への努力義務が課せられている。UR住宅は公営、公社住宅とともに、この公的賃貸等の分類に入れられている。

●住生活基本法

　「住生活基本法」（2006年）でのURの立ち位置にも注目したい。国と都道府県の住宅政策担当部門においては、この法律に従って、住生活基本計画を作成する義務を課せられているが、その計画実施において、「公営住宅等」としてURに対しても計画目標達成義務が述べられている。民間の「住宅関連事業者」とは、扱いを異にされている。

●住宅セーフティネット法

　「住生活基本法」の趣旨に沿って制定された「住宅確保要配慮者に対する賃貸住宅の供給の促進に関する法律」（「住宅セーフティネット法」

と呼称、2007年）には、住宅確保要配慮者に対しては、公的賃貸住宅の供給促進を図らなければならないことになっている。この法律での公的住宅の分類には、公営住宅と共にUR賃貸住宅も含まれている。

●**独立行政法人通則法**

「独立行政法人」としてのURをどう考えているのだろうか。

「独立行政法人通則法」第2条第1項（定義）には、「この法律において「独立行政法人」とは、国民生活及び社会経済の安定等の公共上の見地から確実に実施されることが必要な事務及び事業であって、国が自ら主体となって直接に実施する必要のないもののうち、民間の主体にゆだねた場合には必ずしも実施されないおそれがあるもの又は一の主体に独占して行わせることが必要であるものを効率的かつ効果的に行わせることを目的として、この法律及び個別法の定めるところにより設立される法人をいう。」とある。

UR住宅の再生に関しては、上述第2条にある「国民生活及び社会経済の安定等の公共上の見地から確実に実施されることが必要な事業」であり、かつ「民間の主体にゆだねた場合には必ずしも実施されない恐れがあるもの」にあてはまる。このことから、URは住宅再生に関してもっと積極的に公的立場を押し出していくことも可能だ。

本稿の①〜④を実現していくには、居住者・市民の立場からみれば、URを民営化ではなく、絶えず公的立場堅時と強化の方向に「引っ張っていく」ことが必要とされる。

2 団地再生への参加とコミュニティ形成

①団地再生への居住者の自覚的参加

URとして、今後の住宅再生デザインのミッションとその実現のためには、さらなる公的立場の強化が必要であることを述べた。

では、居住者・市民の側は何をなすべきか。

率直にいって、団地居住者皆が自ら再生への参加への努力を自覚的にかつ持続的に進めることが第一義だ。また、再生に当たっては、団地コミュニティ形成の一部としても、居住者の参加が大事であることを述べたい。

かつて、「マスハウジング期」には、多くの居住者が団地での暮らしや居住環境改善の諸活動に積極的に参加した。若かったし、燃えていた。特に、子どもの生活環境改善には、多くの若い母親が集まった。取り組むだけの時間やエネルギーがあった。改善の住民運動を進めることで、居住者の要求実現の見通しもあった。しかも意外と実現していった。

1986年以降の建て替えについては、URによる一方的な建て替え事業方針に従って進められた。居住者への説明会は実施しても、意見や要求が実現するということはなく、居住者側は泣き寝入りか裁判で訴えるしか道がなかった。結局は時間がかかり、居住者とUR、居住者間の対立や「わだかまり」が残って、建て替え後の団地での居住者間もギクシャクしたものになっていった。

「このようなことではまずい」ということもあって、「多摩平の森」や「武蔵野緑町パークタウン」などでは、居住者・自治会が立ち上がり、URや自治体と協働しながら、地道に建て替えを進める方法を創った。これらの団地のように、居住者、URそして自治体の三者が形態はいろいろあっても協働で再生を進めることで、多くの居住者が納得しやすい「団地再生プラン」となることが実証されている。また、話し合いを進めることで居住者間での争いごとも減り、多くの居住者の住み続けが可能になる。住み続け後も居住者間でのコミュニティ形成もスムースである。具体の建て替え事業も早く進み、出来上がった居住空間も優れている。そして社会的な評価も高い結果になっている。"急がば回れ"の教訓でも

ある。

　今後、団地の高齢者や若年家族層も含めて多くの居住者の経験や能力を生かした再生への参加を期待したい。団地は、再生に関して様々な仕事に従事しあるいは経験した人の宝庫である。建築デザイナー、プランナー、建築や設備関連企業社員、福祉・医療関係従事者、自治体職員、NPO・ボランティア経験者、など今後の団地再生を進める上で必要な力をもった人達が結構居住している。また、このような経験はなくとも、「住み続けたい、再生についてはリニューアルが大事で、いざとなったらなんらかの手伝いをしたい」と考えている人も多い（chapter3　参考文献8)。これらの人たちに再生の現場に登場してもらうことは、極めて大きな意義がある。団地居住者の知恵と力を眠らせていては、もったいない。

②日常的な団地コミュニティの形成

　再生が差し迫った課題にならなくても、居住者皆が日々、「安全・安心・快適」の住宅・団地空間での暮らしを、"普通に"継続できることは極めて大事だ。また、日頃から暮らしに根ざした居住者間の交流と自治会によるしっかりしたコミュニティ活動が維持されていれば、「団地再生」が日程に上っても慌てずに対応できる。"備えあれば憂いなし"である。これまでの30年間でのUR住宅建て替えの歴史から、居住者・市民側が獲得した大きな教訓である。

　そこで、各団地でまずなにから始めるか。
　居住者がもっと住宅や団地空間に関心をもち、「どのようにすれば、もっと住みよくなり、住み続けができるのか」考え議論・学習することである。各居住者での住戸内での暮らしの見直しや住戸内の改善について家族内で、一度話し合う場をもったらどうか。そして、住戸外に出て

居住者間での普段の挨拶からはじめ、趣味や文化・スポーツの活動やイベント・行事を取り組むことで、ソフト・ハードの住宅や団地に関する要望も出てくる。他団地での経験や専門家・研究者から学ぶことも大事だ。もちろん、住み続けていけたとしても、とかくすると団地内での人的交流が途絶えがちな今の都市社会である。コミュニティの形成といってもそう簡単な話ではない。その積極的な意義を理解するリーダー集団があり、かつそれを中心にして賛同し協力する人々の存在も不可欠だ。進めていく過程では、居住者間での軋轢もあり、我慢も強いられる。しかし、それらの一人ひとりの前向きな努力が結集されていくと、少しずつではあるが着実に進みだす。

　とはいっても、団地内の居住者においては高齢者が増え小家族化が進み、仕事や家庭の諸事で忙しく、所得は減り、団地での居住のことなど考えられないという状況であろう。若年家族層でも、夫は収入が伸びずむしろ減り、仕事は逆に忙しい。長時間労働や残業は当たり前で、ストレスもきつい。妻はというと、子育て・家事やパート勤めでこれまた忙しく、同じくコミュニティ形成には目が向かない……。これらは数えあげれば限りない。

　確かに、このような事情から、かつての「マスハウジング期」とは異なり、団地での居住改善を考えることに使える時間とエネルギーは限られている。興味も希薄化し、勢い、「コミュニティ活動など、誰かやりたい人がやればいいのでは?」との思いもあろう。しかし一方、「団地に住み続けたい」ことを大事に考え、「"集住の楽しさ"を追究したい」「家族の暮らしを"安全・安心・快適"な状態に維持したい」という居住者が大多数であることもまた事実だ。

　ならば、団地居住者との共同生活・コミュニティづくりの大事さにも思いをはせ、共同で取り組み、かつNPOや自治会などに組織化してい

くことは避けられない。このような活動については、むしろ「義務だ」といっても差し支えないほど大事なことではなかろうか。

3 UR住宅再生デザイン文化構築へ

URは公的立場を強化しつつ再生のミッションを実現し、前項①②で述べたように居住者側は参加とコミュニティ形成で対応する。この二つのことが団地ごとに多種・多様な場面で相互に浸透しかみ合いつつ、前進・後退などくり返しながらも進んでいく。その結果として、居住者皆の暮らしが「安全・安心・快適」になり、かつ団地でのコミュニティが持続的に発展していく（参考文献2）。

ただ、重要なことは、「居住者側からのアクションがまず必要だ」、ということである。団地の再生、暮らしの改善そしてコミュニティの形成に無関心であったり、あるいはまた、URにお任せであったり、他人に期待したりでは、UR住宅の再生は動かないし進まない。まして、居住者が期待し、要求するような方向には向かない。団地の居住者一人ひとり、自治会、その他の団体が自ら動かなければならない。

他団地にも多様に見られるが、このような意味でコミュニティ形成でのモデルを、chapter4-2で紹介した高槻市の「富田団地」や何度も紹介した日野市の「多摩平の森」にみる。前者では、日頃からの自治会による、様々なイベントや相互の助け合いを通して、居住者間の絆を強め、高齢者の"一人ぼっち"をなくすなど地道にコミュニティを創ってきている。団地の物的改善にも力を入れている。後者では、団地の建て替えは終わったが、団地の自治会が周辺の関係者とともに協議会を創り、団地を含めたまちづくりを進めている（chapter3　参考文献8、9）。

両者に共通して、住み良い居心地のいい団地に育てられ、「住宅再生デザイン文化」が創りあげられつつある。

（注1） 本書ではマンションの再生については述べていない。ただ、日本では分譲マンションはおおよそ600万戸あり、居住者の高齢化と建設後の時間経過による"二つの老い"が大きな課題としてクローズアップされている。そして再生の時期を迎えているマンションが増えてきている（chapter3　参考文献10）。特に、現在、「新耐震」以前のマンション100万戸強のリニューアル問題がクローズアップされている。この100万戸強のなかで、過去に建て替えができたのはわずか1万数千戸である。残りの圧倒的部分は、保全しながら、もしくは少数のマンションではリニューアルによって住み続けられてきている、という実態だ。

　マンション再生の実施は管理組合だけでは荷が重く、なかなか取り組めるものではない。必ず専門家との協働が不可欠である。ところが一部の自治体や公的機関での相談窓口はあっても事業の支援にはタッチしていない。結局は、民間デベロッパーなどが建て替え推進の立場で参入し、建て替え可能と判断されれば、事業を進めることになる。そうでないマンションについては、いわばほったらかしの状態である。

　問題は、公的な支援体制が手薄なことだ。

　リニューアルを中心に、悩んでいる管理組合のマンション再生を様々な形でサポートする公的機関の必要性は高まる一方である。この点、述べてきたようにURは賃貸住宅再生分野で、追随を許さない分厚いハード・ソフトの事業経験と技術の蓄積がある。しかも、これまで一般市民向けの分譲住宅を300千戸ほど建設してきたという実績もある。その中には、再生が難しい「大規模」かつ「団地型」も多い。

　URが率先して、中心になって「単棟型」だけでなくむしろ「団地型」再生のあり方・事業法含めて検討していったらどうであろうか。マンション再生については、技術面ではUR住宅の団地再生と共通している。ハード技術だけでなく、ソフト面での「居住者の参加」なども似通っている。URが中心になって全国の「公」と「民」含めてマンション再生を全面的にサポートができるようにすべきではなかろうか。実現すればマンション再生は大きく展開可能でありその意義は極めて大きい。

参考文献

1）住宅団地環境設計ノート編集委員会「住宅団地環境設計ノート・1〜16」社団法人日本住宅協会

2）延藤安弘『「まち育て」を育む──対話と協働のデザイン』東京大学出版会、2001.4

住み手の役割、そして住み手への期待
金剛団地に住み続けて

M.T.（男性）居住期間：1973年〜

　集合住宅における住み手の役割、そして住み手への期待…いろいろな見方はありますが、「居住者の管理への関わり」という点で見れば、集合住宅に居住する者にとってはその構築物あるいは居住環境といったハードに属するものと、居住者相互のふれあいの場、生活、生存の場いわばソフトに属するものとの二つの側面に分けられると思います。ただ具体的な関わりでは、マンションや公営住宅、あるいは民間賃貸住宅そしてUR賃貸住宅等それぞれの居住形態や、そこに存在する自治組織により異なるでしょう。しかし、いわゆる集合住宅居住者という視点からすれば基本的に一致するのではないでしょうか。

　そこで、私はあくまでも独立行政法人都市再生機構賃貸住宅居住者の立場から、永年の居住経験をふまえこれらについて考えてみたいと思います。

■ 住む権利からみた住み手の役割

　日本住宅公団（以下公団、現時点での表記はUR）の家賃にはその1割が修繕費として含まれており、外まわりについては「計画修繕」として定期的な補修を行いますが、住戸内については私たちが公団と取り交わしている「賃貸借契約書」第12条の「入居者の修理義務」を盾にURは住戸内修繕を怠ってきました。しかし民法の規定では、「賃貸人は賃貸物の使用及び収益に必要な修繕をする義務を負う」としており、本来住戸内ふくめ修繕は家主の義務規定なのです。だから公団はこの中に「特約条項」を設け、「その他別に公団が定める小修理に属するもの」と、公団の自由裁量を規定して住戸内修繕のほとんどを居住者負担にしてきたのです。

COLUMN

　また修繕費については、公団が1978年、83年、88年（当時は5年周期の家賃改定。現在URでは、近傍同種家賃と称して3年周期、さらに自由裁量への動き）に家賃のいっせい値上げを強行した際、「値上げ増収額の使途については、その70％を修繕等維持管理経費に使う」と表明、これは後の衆参両建設委員会（当時）における「国会決議」につながるのですが、決議は修繕問題について「値上げ増収分については極力修繕などの促進に使用すること」と述べています。そして88年の第3次値上げ時の決議には、「住戸内修繕を含む計画的な修繕及び環境改善の促進」と、「住戸内」の文言を挿入させたことは、第12条を残しているものの「住む権利」を背景にした運動、つまり「住み手の役割」は非常に大きいものがあったといえます。

　一方、居住環境の問題を考えた場合どうでしょうか。私の住む団地（5,030戸）は棟間隔が20mあまりのゆとりがあるため、その分緑地帯が多いことになり居住環境としてはまず“良好”といえます。このことは、もともと日本住宅公団法第1条に「住宅の不足の著しい地域において、住宅に困窮する勤労者のために耐火性能を有する構造の集合住宅及び宅地の大規模な供給を行い…国民生活の安定と社会福祉の増進に寄与することを目的とする」と規定していることからも当たり前といえますが、それを維持し改善を促進させるためにも「住み手の役割」は存在するのです。

■ 住まいは人権

　つぎに住む権利についてですが、UR居住者で組織する公団住宅自治会協議会は、運動のスローガンに「住まいは人権」を掲げています。かつて国際居住年に当たる1987年、「人権ありますか、あなたの住まい」をテーマに国際シンポジウムが開かれました。ここでの最大のテーマは「住むことは人間が生きる上での権利である」というものです。私たちの79年〜85年の6年間にわたる「家賃裁判」の根底に流れていたのがこの「人権」であり、いま憲法第25条の「す

べて国民は、健康で文化的な最低限度の生活を営む権利を有する」という規定を私たちは再認識させられているのではないでしょうか。だからこそ私たちは、国や大家（UR）に対して「住まいは人権」を訴え、それを基本に据えた運動を進めてきたのです。

　実は、このことはソフト面の管理に対する関わりについてもいえることであります。つまり私たちが考えているソフト面に属することといえば、集合住宅に住み、お互い思いやりをもち、いつまでも住み続けられる街、そして「ふるさと」と呼べる街にしていこうではないかと手を携えて住民自治を守り、発展させていくことにあると思うのです。したがってそこには、当然住民自治組織としての自治会がなくてはならないのです。私たちの自治会組織は住環境を守る運動などの他、文化面でも団地まつり、運動会、盆踊りなど多種多彩な行事に取り組む一方、先ほどの修繕費のところで触れた、家賃裁判などの運動による国会決議が、毎年の国会やUR、国土交通大臣への要請行動に引き継がれてきているのです。

■ 住み手の役割は、反面教師として住み手への期待

　ところでこの「住む権利」は、憲法やその他の法律で保護されている部分がたくさんあります。しかし、平気でそれらが蹂躙されているのが実態で、例えば借地借家法改悪により居住権、生存権が奪われようともしています。

　居住権、生存権について「住み手の役割」の具体的な例を紹介します。これは家賃の値上げがいかに不当かを争った家賃裁判（1979年～1985年）でのことですが、金剛団地自

金剛団地

COLUMN

治会唯一の原告であった砂田公司郎氏（関西訴訟団筆頭原告）が、公判中に交通事故にあい、当時公団が従来実施してきた「身障者に対する空き家割り当て」を申し込んだところ、公団は砂田氏が訴訟の代表原告であることを盾に「1978年の家賃値上げを認め、値上げ額の支払い」を条件にしたのです。係争中の事案から手を引けということです。結果、受け入れることとなりましたが、原告を降りるにあたり最後の公判で砂田氏は、「司法の場で係争中の問題を住宅変更の条件にすることは、私の裁判を受ける権利に止まらず司法の尊厳に対する冒涜である…私は命ある限り本件訴訟の進行を見守る決意であります」と最後の陳述を終えたのでした。

　住民運動が住まいへの関わりだけでなく、「生存の自由」「社会的自由」を権利としてとらえる「住み手の役割」、そして反面教師としての「住み手への期待」がここにはあるのではないでしょうか。

　このように私たちの居住への関わりは、ハード、ソフトの両面が相関関係をもってそのまま管理と自治への関わりとなっているのです。とかく忘れがちな国民の基本的な権利を今こそ想起しなおすことは大事なのではないでしょうか。空気のようなもので、忘れかけた頃にその大切さがわかるものですが、住み手の役割はその空気を欠乏させず、むしろ増やし続けることにあり、そのことがそのまま住む人への期待として存在するのでしょう。

　最後になりましたが、住宅政策のみならず、あらゆる面において右傾化・軍国主義化に前のめりの安倍政権の暴走は止まらず、URを取り巻く情勢については2013年12月の閣議決定を機に住民不在、人権無視の施策がますます強められており、私たちにとってはURを公共住宅として守るための新たな運動の模索が始まろうとしています。

　そうした中だからこそ、私たちにはこれまで以上に集合住宅居住者としての「住み手の役割」を果たすことが求められていると思うのです。

211

おわりに

きっかけは、60年間の「UR住宅デザイン」への着目

　私が、UR住宅のデザイン文化創造について、本書の企画を思い立ったきっかけは、次のようなことからです。

　私は、第一次オイルショックの年（1973年）4月、URに就職し、以降本社・他支社に転勤せず大阪支所（後に関西支社）に24年間在籍しました。ちょうどUR住宅建設ピーク時に入社し、URにとって大きな試練ともなった、「高・遠・狭」「団地お断り」「URバッシング」、そして「見直し」「経営改善」なども経験し、後半は経営重視方針のもとで仕事を続けたことになります。この間、企画、計画、都市整備、設計そして保全といった住宅建設関連業務を担当しました。さらには1986年からの「建て替え」と阪神・淡路大震災後の「復興住宅」の設計にも従事した後、1997年に今の女子大に転職という経歴です。

　振り返ってみますと、本書での「マスハウジング期」最後の14年、そして「建て替え期」最初の10年ほどURに在籍し、URが大きく転換した時期に仕事をしていたことになります。その後は女子大の教員として18年間、この間も関西の地でUR住宅の再生に大いなる関心と同時に期待をもって、外部から見聞きし考えてきました。

　ところで、現UR住宅ストックは公共賃貸住宅として建設されたのですが、オイルショック後はURの民営化が進みだし、その再生のやり方に関しては、今や民間事業とほぼ変わらないスタイルになってきています。

「このようなことでいいのだろうか?」と、疑問をもっていました。そして以下のように考えたわけです。

60年間にわたって、URのデザインチームによって積み上げられてきた「UR住宅デザイン」のプロセスと成果に着目し、その概要を整理し意義を振り返ってみることが重要なことではないか。かつ、そこに住む家族と暮らしの変容と改善、自治会等によるコミュニティ形成の実態をみていくことも不可欠である。また、この2点の相互関係によって長期間を経て創られてきた「UR住宅デザイン文化」にもっと注目し、そのことを評価し大切にすべきではなかろうか……。

「UR住宅再生デザイン文化」創造も、"てま・ひま"が欠かせない

本書chapter3の参考文献などからもわかりますが、"てま・ひま"かけなければ文化は生まれません。「UR住宅再生デザイン文化」についてもそうです。

UR住宅団地空間の建設に当たっては、本書で述べたように、URのデザインチームを中心に関連する内部組織と外部の膨大な技術系関係者によって、人手と時間そして"お金"(公的建設資金)もかけてデザインされました。そして創られたUR住宅に居住者が入居し、より「安全・安心・快適」な暮らしを送るために、居住空間の改善を要求し実現してきました。同時に近隣の人たちとも交流し、自治会や居住者のボランタリーな諸活動によってコミュニティを創るうえでも、多くの居住者や市民の"てま"と"ひま"をかけた粘り強い活動が進められてきました。そして、主には「マスハウジング期」においてデザインされたUR住宅と団地空間は戦後の新しい都市住宅のモデルとして社会的にも評価され、そこでの暮らしも合わせて60年にわたり、多種多様なメディアに取り上げられ、発信されてきたわけです。

ところが、ほぼ「建て替え期」では、デザインするにも人手がなく時間もかけられず、したがって工夫も足りなくなってきたように思われます。

　この30年間に建設された住宅・団地空間の、「UR住宅デザイン文化」に関しては、新規建設だけでなく建て替えも含めて、メディアからの発信がみられません。近年、「ストック活用」面で高齢者居住・子育てそしてリフォーム関係でマスコミに取り上げられるという先進性もありますが、民間業者による取り組みと大差ありません。やはり、UR民営化により"てま・ひま"かけないようになってきていることが最大の原因と思われます。今後民間と変わらない経営一本やりの住宅と団地空間の再生が続けば、当然、一層のことURの存在理由も希薄になります。このような方向ではない、居住者・市民の期待に真に応えた再生のあり方を目指すことが大切ではないでしょうか。

　UR住宅再生に関するデザイン文化を創り続けるには、今後とも"てま・ひま"がまず不可欠です。それに加えて、かつてはそうであったように"お金"も大事です。これらのことは民間事業にはなかなか期待できるものではありません。今後「UR住宅の再生デザイン文化」を創っていくには、自ずと公的な支援が不可欠になってきます。もちろん、かつてのような公的立場に戻り、強化すればいいというような単純なことではありません。また、「たっぷりの予算を」などと言っているわけではありません。むしろ民間的経営からも学びながらも、公的立場を堅持・強化し、居住者や市民の暮らしと要求をとらえ、かつ日本の都市住宅「デザイン文化」の今後も考えながら、必要最小限の公的な制度構築、資金調達そして組織形成をと、切に願うわけです。

　このような方向にURが進んでいくならば、今後の日本の都市住宅全体の再生にも好ましい影響を与えるものと思われます。

214

おわりに

居住者の住み続けと立ち上がりが、「UR住宅再生デザイン文化」を創る

本書は、UR住宅団地居住者をはじめ、URの職員とOB、居住を学ぶ学生・院生・教員、住宅の計画や設計の仕事にしている人、住宅に興味をもっている人、UR住宅に入りたい市民などに読んでほしいと思っています。

なかでも、昭和40～50年代（1965～1985）建設団地（478千戸）居住者の方々に、特に読んでいただきたいと思います。というのは、この「ヴォリュームゾーン」がUR住宅ストックの過半数を占め、今後は再生の主要ターゲットであるからです。これらの団地居住者が「集約」によって移住を余儀なくされ、民間業者参加による高齢者・子育て関係やリニューアルの「ストック活用」型再生も進んでいくからです。

今、居住者一人ひとりが「安全・安心・快適」な再生をどのように実現していくのか、問われています。大事なことは、chapter8でも述べましたが、住み続けを大切にしながら、全国のUR住宅団地で再生に向けての、居住者自らの、居住者による学習・議論と実践をスタートさせることであろうと思います。同時に、日常不断にボランティア、NPO、自治会などによるコミュニティ活動を強化していくことも求められていると思います。この点で本書が少しでも役に立つことがあるのならば、願ってもないことです。

団地での暮らしを、居住者とUR職員が語る

本書を書くに当たり、多くの方々から支援をいただきました。

まずは、各chapter末の「コラム」を執筆していただいた、UR居住歴のある8人の方々です。皆さん共通して、UR団地での昔や今の自分と家族そして近隣の人たちとの暮らしを通じての思いを、あるいはURの公的立場での継続など多岐にわたって、個性的に活写していただきました。みなさんに、心よりお礼申し上げます。

さらには、UR住宅団地の自治会役員や居住者の方々、そして現職と
OBの本社・支社職員の方々からも団地での多様な暮らしの様子をヒア
リングをさせていただき、また資料もいただきました。

　本書を書き進める上でご支援いただいたこれらUR関係すべての方々
に、厚くお礼申し上げます。

出版関係者等へのお礼

　また、出版に当たりましては、前「再生三部作」（chapter3　参考文献8、9、
10）に引き続き、株式会社クリエイツかもがわ代表取締役の田島英二さ
んには大変お世話になりました。また同社の編集担当の伊藤愛さんには、
一方ならぬご苦労をいただきました。そして、chapter6とchapter4
の各冒頭をのぞいたカットについては、神戸松蔭女子学院大学3年生の
堀内佳奈子さんに描いてもらいました。ありがとうございます。

　最後に、前三部作を含め本書の企画からずっと、応援してもらった、
妻のり子にも深く感謝したいと思っています。

2015年12月

◎著者

増永理彦（ますなが・ただひこ）
神戸松蔭女子学院大学人間科学部ファッション・ハウジングデザイン学科教授。
「NPO法人なごみの家」理事長。
1947年生。京都大学大学院工学研究科修士課程建築学専攻修了。博士（学術）。一
級建築士。インテリアコーディネーター。1973年日本住宅公団大阪支所入所。1997
年住宅・都市整備公団退職後、神戸松蔭女子学院短期大学生活造形学科教授。2008
年4月より現職。熊本県出身。

【著書・論文】
『育てる環境とコミュニティ』南芦屋浜コミュニティ・アート実行委員会（1998、
編著）、『集住体デザインの最前線・関西発』彰国社（1998、編著）、『マンション・
企画・設計・管理』学芸出版社（2001、編著）、「公団賃貸住宅における高齢者居住
に関する基礎的研究」博士論文（2002）、『図解住居学4　住まいと社会』学芸出版
社（2005、共著）、『住宅政策の再生　豊かな居住をめざして』日本評論社（2006、
共著）、『団地再生　公団住宅に住み続ける』（2008、編著）、『UR団地の公的な再生
と活用』（2012）、『マンション再生　二つの"老い"への挑戦』（2013）いずれもク
リエイツかもがわ。

団地と暮らし
UR住宅のデザイン文化を創る

─────────────────────────

2015年12月25日　初版発行

著　者　© 増永理彦

発行者　田島英二
発行所　株式会社 クリエイツかもがわ
　　　　〒601-8382　京都市南区吉祥院石原上川原町21
　　　　電話 075(661)5741　FAX 075(693)6605
　　　　ホームページ　http://www.creates-k.co.jp
　　　　郵便振替　00990-7-150584

装丁・本文デザイン●菅田亮
イラスト●中原じゅん子
印刷所●新日本プロセス株式会社

─────────────────────────

ISBN978-4-86342-175-2 C0036　　　　　　　　　printed in japan

阪神・淡路大震災の経験と教訓から学ぶ

塩崎賢明・西川榮一・出口俊一　兵庫県震災復興研究センター／編

大震災15年と復興の備え
●"復興災害"を繰り返さない

生活・経済基盤、人とのつながりを回復させる「人間復興」を。復興の資金はどこに投じられたのかなど、阪神・淡路大震災15年の復興過程を検証し、今後の備えを提言。　1200円

世界と日本の災害復興ガイド
●行政・学校・企業の防災担当者必携　　　　　　　　　　　　　　　　　　2000円

災害復興ガイド　日本と世界の経験に学ぶ
●復旧・復興の有用な情報満載。　　　　　　　　　　　　　　　　　　　　2000円

大震災10年と災害列島
●あらゆる角度から災害への備えるべき課題を網羅。　　　　　　　　　　　2000円

大震災100の教訓
●大震災の教訓は生かされているか。　　　　　　　　　　　　　　　　　　2200円

LESSONS FROM THE GREAT HANSHIN EARTHQUAKE
〈英語版〉大震災100の教訓　　　　　　　　　　　　　　　　　　　　　　1800円

●災害復興の使命・任務は、目の前の被災者を救うこと！
災害復興とそのミッション　復興と憲法
片山善博・津久井進／著　　　　　　　　　　　　　　　　　　　　　　　　2000円

●阪神・淡路大震災の経験と記憶を語り継ぐ
被災地での生活と医療と看護　避けられる死をなくすために
兵庫県保険医協会・協会 芦屋支部／編著　　　　　　　　　　　　　　　　1500円

●わたしたちが食べているものは、どこからやって来るのか？
検証　港から見た食と農【改訂新版】

次々と起こる食品問題。時間がたつと忘れてしまいそうなる。わたしたちが食べているものは、どこからやって来るのか？　水際での検査体制は？　安全チェックは？　農業への影響は？　食の入口"港"からの警鐘。　1300円

●大地震・大火・戦争・テロ・暴動など大災害の回復過程から考える
リジリエント・シティ
現代都市はいかに災害から回復するのか？

ローレンス・J・ベイル　トーマス・J・カンパネラ／編著
山崎義人・田中正人・田口太郎・室崎千重／訳

震災復興・原発震災 提言シリーズ

① 東日本大震災　復興への道
神戸からの提言
塩崎賢明・西川榮一・出口俊一・兵庫県震災復興研究センター／編著
長引く東日本の「震災復興」「原発震災」におくる提言。　　　　　　　　1800円

② ワンパック専門家相談隊、東日本被災地を行く
士業・学者による復興支援の手引き
阪神・淡路まちづくり支援機構付属研究会／編著
災害支援・復興まちづくりの専門家ネットワーク（支援機構）を全国各地に。　1000円

③ 「災害救助法」徹底活用
津久井進・出口俊一・永井幸寿・田中健一／著
兵庫県震災復興研究センター／編
災害救助法を徹底的、最大限に活用し災害に直面した人々のいのちと生活を守る。　2000円

④ 東日本大震災　復興の正義と倫理
検証と提言50
塩崎賢明・西川榮一・出口俊一・兵庫県震災復興研究センター／著
復興プロセスに正義や為政者に倫理があるのかを鋭く問う。　　　　　　　2200円

⑤ 士業・専門家の災害復興支援
1・17の経験、3・11の取り組み、南海等への備え
阪神・淡路まちづくり支援機構付属研究会／編
迫り来る東海・東南海・南海地震等の巨大地震・災害に備える。　　　　　2200円

⑥ 大震災20年と復興災害
塩崎賢明・西川榮一・出口俊一・兵庫県震災復興研究センター／編
復興政策を被災者の救済、生活再建を中心に据え、少子高齢化、人口減少の成熟社会における多様なニーズを捉え、的確に対応できる「復興の仕組みづくり」こそが必要。　2200円

⑦ 巨大災害と医療・社会保障を考える
阪神・淡路大震災、東日本大震災、津波、原発震災の経験から
兵庫県保険医協会／編
避けられる死をなくすために。大震災、津波、原発震災の経験と記憶を語り継ぐ。1800円

＊本体価格表示

増永理彦／編著　再生三部作

団地再生
公団住宅に住み続ける

A5判 208頁　2200円

● まだまだ住める公団住宅!! リニューアルで住み続ける

あこがれだった公団住宅。今では居住者にとって、なくてはならない故郷。この公団住宅に住み続けるために、都市再生機構の「再編方針」を団地再生の実例をもとに批判。
居住者参加で立ち向かう団地再生のヒントが満載。

UR団地の公的な再生と活用
高齢者と子育て居住支援をミッションに

A5判 192頁　2000円

● UR賃貸住宅の公的再生で「適切な質」「適度な家賃」の都市住宅を継続・発展！

モノはあふれ、お金さえあれば何でも手に入るような経済的豊かさのなか、子どもや高齢者が社会的に、そして生活や居住面で、大事にされているのだろうか？
都市再生機構が果たしてきた役割あるいは問題点を拾い出しながら、高齢者・子育ての居住支援を重点に、地域社会づくりに活用するしくみを提起。

マンション再生
二つの"老い"への挑戦

A5判 160頁　1600円

● マンションは再生の時代へ

建物の「経年劣化」と居住者の「高齢化」、2つの"老い"への対応が再生のキーワード。「住み続ける」「リニューアル」「参加する」をマンション再生3原則とし、コミュニティ活動や生活支援、公的な介護サービスの対応など、住み続けるための支援の充実を提起。

＊本体価格表示